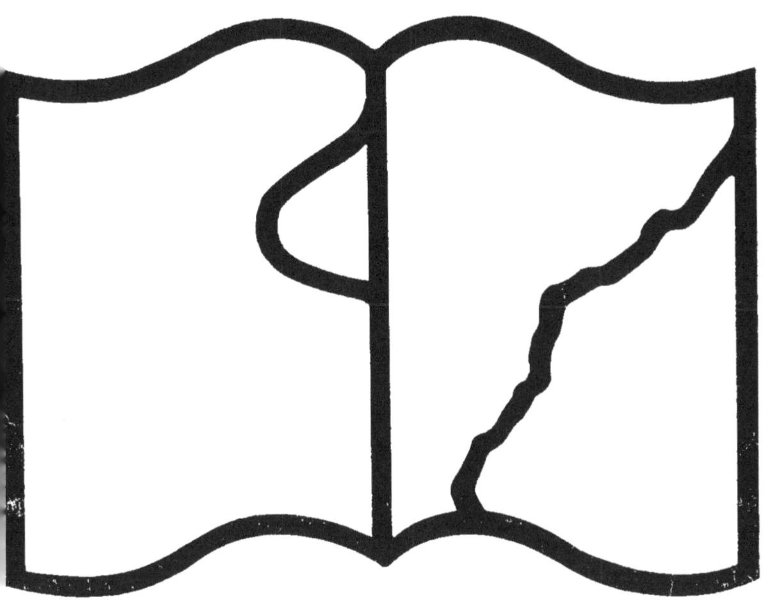

Contraste insuffisant

NF Z 43-120-14

BULLETIN DU CERCLE DES ARTS-ET-MÉTIERS

NAVIGATION

SOUS-MARINE

PAR

A. DESSAINT

TOULON
M. BERNARD, LIBRAIRE
Rue du Canon, 10

1892

BULLETIN DU CERCLE DES ARTS-ET-MÉTIERS

NAVIGATION

SOUS-MARINE

PAR

A. DESSAINT

TOULON

M. BERNARD, LIBRAIRE

Rue du Canon, 10

TOULON. — Imprimerie Emile FOA, rue Neuve, 7.

HISTORIQUE

DES

BATEAUX SOUS-MARINS

CHAPITRE PREMIER

La question des bateaux sous-marins devient de plus en plus importante, depuis que l'on a résolu le problème de l'application de l'électricité comme force motrice.

On a construit des moteurs électriques de 50, 300 et même 700 chevaux (*Gustave Zédé*), propres à la navigation sous-marine, mus par des accumulateurs.

Aussi est-il urgent que les mécaniciens de la marine, appelés à conduire ces nouveaux engins de guerre, s'en occupent sérieusement.

Comme la description des appareils actuellement employés dans la marine, n'est pas destinée à la publicité, et pour donner une idée générale de cette navigation encore obscure, nous nous contenterons d'analyser les travaux déja parus, auxquels nous pourrons ajouter quelques notes personnelles, d'une grande utilité à nos camarades.

La plus grande partie de ce travail, est extraite de la *Revue Maritime*, et du journal l'*Engineering*.

Historique. — Dans un intéressant mémoire inséré aux *Annales Maritimes* de 1823, M. le capitaine de frégate Montgéry, a donné un historique sur la navigation sous-marine.

Nous ne citerons ici que les principales tentatives qu'il mentionne.

Le premier bateau sous-marin dont la navigation paraisse bien, authentique, a été construit à Londres, sous le règne de Jacques 1er par le hollandais Drebbel.

En 1634, le Père Mersenne, a établi dans un écrit publié en France, les principales conditions de la navigation sous-marine.

Il recommandait la forme de poisson et l'emploi de tôles de cuivre pour la construction des bateaux sous-marins ; ces idées viennent d'être mises en pratique de nos jours, en 1892, pour la construction d'un de nos sous-marins.

En 1653, un français construisit à Rotterdam, un navire assez grand, destiné à naviguer à fleur d'eau, ayant sa surface supérieure blindée et en talus.

Ce bateau devait se mouvoir au moyen d'une roue centrale ; mais il ne paraît pas qu'il ait jamais navigué.

Le premier essai bien sérieux de la navigation sous-marine ; dans le but de détruire des bâtiments ennemis, est dû à l'américain Bushnell, qui, pendant la guerre de l'indépendance, s'appliqua à rechercher les moyens de détruire, avec des bateaux sous-marins, les vaisseaux anglais mouillés sur les côtes et aux embouchures des rivières de l'Amérique du Nord.

Le bateau sous-marin monté par le sergent Lee, dans une entreprise infructueuse tentée contre l'un des vaisseaux, était de fort petite dimension, manœuvré par un seul homme, au moyen de rames contournées en spirales, destinées à produire, soit le mouvement de locomotion horizontale, soit, conjointement avec l'admission ou l'expulsion de l'eau ambiante, le mouvement vertical d'immersion ou d'ascension.

L'œuvre de destruction consistait à attacher un pétard à la carène de l'ennemi ; mais cette opération devant se faire de l'intérieur du bateau, en passant les mains, pour agir, dans des poches ou gants de cuir ; on comprend que les difficultés dont elle était accompagnée, l'aient rendue impossible.

Fulton appliqua son génie à la construction de bateaux sous-marins, d'abord en Amérique, puis au Hâvre, où il essaya, en 1801, son bateau sous-marin, le *Nautilus*.

Comme nous savons, ce nom appartient à un mollusque dont la curieuse organisation a pu donner la première idée des procédés de navigation sous-marine.

Ce bateau avait une voilure pour naviguer à fleur d'eau, des avirons articulés pour marcher entre deux eaux, aussi bien qu'à fleur d'eau, enfin un globe de cuivre renfermant de l'air condensé, pour la respiration.

Plus tard, Fulton tourna ses idées vers l'application de la vapeur, et ce fut vers la fin de sa vie, en 1815, que la guerre ayant éclaté de nouveau entre son pays et l'Angleterre, qu'il reprit ses projets de navigation sous-marine.

Le *Mute*, qu'il construisit ou proposa de construire alors, ne devait cependant naviguer qu'à fleur d'eau ; circonstance qui, jointe à sa faible vitesse, évaluée seulement à une lieue à l'heure, par M. Montgéry, devait le rendre peu redoutable à l'ennemi, malgré les gros canons dont il aurait été armé.

En 1804, lorsque l'on préparait l'invasion de l'Angleterre, MM. Coessin, frères, construisirent au Hâvre, par ordre de l'Empereur, Napoléon 1er, et sur leurs plans, un bateau sous-marin auquel ils conservèrent le nom de *Nautilus*.

L'air arrivait à l'intérieur du bateau par des tuyaux en cuir, terminés par un flotteur. Cette installation faillit causer la perte de l'équipage et du bateau, dans une circonstance où l'immersion avait eu lieu par mégarde, à une profondeur plus grande que la longueur des tuyaux.

Un capitaine américain, Johnson, conçut, dit-on, le hardi projet d'aller délivrer l'empereur Napoléon à Sainte-Hélène, au moyen d'un bateau sous-marin à hélice.

La mort de l'Empereur aurait fait avorter cette entreprise, dont la réalisation, à cette époque, n'eût pas été exempte de grandes difficultés matérielles.

Quelques années plus tard, le même Johnson offrit aux Cortès espagnols son bateau sous-marin, pour détruire les vaisseaux français devant Cadix ; mais la révolution espagnole succomba avant qu'il fut permis au capitaine américain de réaliser ses offres.

En 1823, M. le capitaine de frégate Montgéry, après avoir fait l'historique de la navigation sous-marine, proposa lui-même un plan de bateau sous-marin, au moyen duquel il se faisait fort de détruire au besoin, celui du capitaine Johnson.

Son bateau portait le nom, l'*Invisible* ; il devait être construit en fer, muni d'une mâture à charnière, d'un gréement volant et de voiles légères, pour naviguer à fleur d'eau ; le tout se ramassant, au moment de plonger, dans des coursives disposées sur le tillac.

Le mode de locomotion sous l'eau, adopté par M. Montgéry, était on ne peut plus hardi et compliqué.

Il devançait de plus d'un demi-siècle, les machines à gaz.

Il consistait à employer comme force motrice, l'expansion des gaz produits par l'inflammation de la poudre ; à appliquer cette force motrice alternativement sur chacune des faces des pistons d'une machine ordinaire, et à opérer la propulsion par le mouvement alternatif de rotation d'un prisme triangulaire vertical, autour de la verticale menée par le milieu de l'une de ses faces.

Ce prisme appelé *Martenote,* du nom de l'inventeur de ce singulier mode de propulsion, devait être construit en tôle et creux.

On l'aurait installé à l'arrière de l'étambot, au lieu du gouvernail ordinaire, remplacé par deux gouvernails latéraux. Un troisième gouvernail, à axe horizontal, devait servir à régler la profondeur d'immersion.

Trois pales tournantes, articulées de manière à prendre les obliquités convenables pour la marche, mises en mouvement par une machine à vapeur pendant la navigation à fleur d'eau, et par l'équipage virant au cabestan, pendant la navigation entre deux eaux, auraient imprimé le mouvement en arrière ou la vitesse giratoire impossibles à obtenir de l'effet de la Martenote.

L'armement de l'*Invisible,* aurait été composé de gros canons sous-marins, de torpilles ou autres moyens incendiaires.

On aurait obtenu l'air nécessaire à la respiration soit au moyen d'un réservoir intérieur renfermant un approvisionnement pour 15 ou 16 heures, soit à l'aide de tuyaux mobiles, garnis de ventilateurs à leurs extrémités inférieures, et dont on aurait élevé les extrémités supérieures au-dessus de la surface de l'eau.

La complication de ces procédés, et particulièrement la difficulté de faire usage de l'inflammation de la poudre comme force motrice, devaient suffire pour éloigner la réalisation du système de M. Montgéry, qui, en effet, ne fut jamais appliqué.

Depuis cette époque, c'est-à-dire, depuis la guerre d'Espagne jusqu'à la guerre de Crimée, le petit nombre d'inventions qui virent le jour, au sujet des bateaux sous-marins, n'eurent généralement pour objet que d'obtenir un meilleur service de la cloche à plongeur et du scaphandre, instruments connus depuis très longtemps.

Un officier de la marine russe, M. Spiridonoff, a proposé au gouvernement du Czar, pendant la guerre de Crimée, de faire marcher un bateau sous-marin au moyen d'une machine à air comprimé placée dans ce bateau, et alimentée d'air par une pompe installée sur un bâtiment à flot, et communiquant par des tuyaux flexibles avec la machine du bateau sous-marin.

L'organe de propulsion de ce bateau, se composait de pistons fonctionnant dans des corps de pompe parallèles à la quille et installés de chaque côté du gouvernail, à l'arrière du bateau, auquel le mouvement de va-et-vient de ces pistons, devait communiquer la vitesse.

Mais ce mode de communication avec un bâtiment à flot, compliquait l'exécution de ce projet et limitait singulièrement, en tout cas, le rayon d'action du bateau.

Les opérations sous-marines des Russes, pendant la campagne de la Baltique, se sont bornées à semer de torpilles les abords de Cronstadt, et l'on sait que l'un de ces engins a éclaté sous la carène du vapeur qui portait dans une reconnaissance le pavillon de M. le Vice-Amiral Pénaud, sans cependant lui causer aucun dommage.

Le nombre des canots, embarcations ou bateaux sous-marins mus par l'électricité s'est développé considérablement depuis quelques années.

Les Anglais et les Américains sont encore les plus avancés dans ce genre de locomotion.

Nous citerons entre autres le yacht *Electricity*, construit en fer, mesurant 7^{m}, 62 de longueur, sur 1^{m}, 52 dans sa plus grande largeur.

Ce yacht possède une batterie de 40 accumulateurs actionnant une dynamo Siemens, du type du bateau sous-marin le *Goubet*.

L'*Australia*, appartenant à un particulier, construit en bois et mu par un moteur Reckenzaun qui reçoit sa force motrice d'une batterie d'accumulateurs de la « Electric Power and Storage and C^{o} ».

Le yacht *Northumbria*, appartenant au duc de Bedfort, mesure 7^{m}, 52 de longueur, sur 1^{m}, 52 dans sa plus grande largeur.

MM. Yarrow construisirent un torpilleur pour le gouvernement italien.

Ce torpilleur, en service actif actuellement à la Spezzia, mesure 10^{m}, 98 de longueur, sur 1^{m}, 90 de largeur.

Il est actionné par un moteur Reckenzaun qui imprime au bateau une vitesse de 8.43 nœuds.

Le *Volta*, qui a fait en 1886 le voyage de Douvres à Calais avec succès, est construit en tôle d'acier de 1^{m}/^{m}65 et jauge 6 tonneaux.

Il mesure 11^{m}20 de longueur sur 2^{m}08 de largeur ; un double moteur Reckenzaun peut donner au bateau trois vitesses différentes.

Ces trois vitesses sont obtenues au moyen de deux commutateurs spéciaux, l'un accouple les 61 accumulateurs qui forment la batterie complète, et l'autre accouple les deux moteurs, différemment en quantité ou en tension, suivant la vitesse à obtenir.

L'hélice tourne avec une rotation de 600 à 1,000 tours par minute.

Le courant fourni est de 120 volts et 28 ampères.

M. J.-F. Waddington de Birkenhead a inventé et construit un bateau plongeur électrique, utile aux opérations de guerre, et qui a été essayé avec succès à Liverpool.

Ce bateau, de forme cylindrique, mesure 11 m 28 de longueur et 1m, 83 de diamètre et se termine en pointe à chaque extrémité.

La profondeur à laquelle le bateau s'enfonce sous l'eau est réglée par deux plans inclinés placés sur les côtés et actionnés par une barre ordinaire.

Le gouvernail est situé à l'arrière, et par l'effet d'un appareil agissant automatiquement, maintient le navire dans une position horizontale.

Les installations intérieures sont organisées pour deux hommes.

A chacune des extrémités, se trouve un compartiment renfermant une provision d'air comprimé pour le cas où le bateau serait tenu sous l'eau pendant un temps assez long.

Mais en raison de l'absence de chaudière, de feu, etc., il existe, sans avoir besoin de cette réserve, assez d'air pour que deux hommes puissent séjourner 6 heures sous l'eau.

L'électricité est emmagasinée dans une batterie de 50 accumulateurs qui, une fois chargés, peuvent faire marcher le bateau soit à la surface, soit sous l'eau, à raison de 9 nœuds pendant 10 heures ; ou lui faire parcourir environ 250 milles, à la vitesse réduite, sans avoir besoin d'être rechargés.

L'hélice donne environ 800 tours par minute.

Le moteur est appliqué directement à une pompe centrifuge système Neut qui, en quelques minutes, vide les caisses à eau du lest dont le contenu sert à immerger le bateau.

L'intérieur est éclairé à l'aide de lampes à incandescence, une tourelle supérieure est munie d'un puissant éclairage électrique permettant à l'homme de barre de voir sous l'eau aussi bien qu'au dessus.

Le 7 juin 1887, la Turquie achetait un torpilleur sous-marin, type Nordenfelt, et en commençait aussitôt les expériences qui furent présidées par le Sultan lui-même, dans le Bosphore ; le souverain se tenant à la Pointe du Sérail.

Ce bateau mesure 30 m 40 de longueur sur 3 m 65 de largeur, il est muni d'une machine de 260 chevaux et déplace 260 tonneaux.

La force motrice de ce sous-marin est la vapeur, fournie par une chaudière ordinaire, lorsqu'il navigue à fleur d'eau, et par un réservoir de vapeur surchauffée, lorsqu'il est immergé.

Il est clair que, dans ces conditions, l'air s'échauffe, se vicie rapidement et devient bientôt irrespirable.

Le torpilleur se tenait dans l'arsenal, attendant des ordres, les feux au fond des fourneaux, mais ayant sa provision de vapeur surchauffée dans un réservoir à la pression de 10 atmosphères.

Cette provision peut être conservée moyennant une consommation de 100 à 150 kilogrammes de charbon par jour, la perte de chaleur par le rayonnement étant très faible, grâce à la manière spéciale dont sont enveloppées les chaudières.

Le *Nordenfelt* appareilla de l'arsenal, à grande vitesse, en passant au milieu des nombreux navires mouillés dans la Corne-d'Or.

Il passa par l'ouverture du vieux pont de Galata, sans diminuer de vitesse, malgré l'étroitesse de ce passage et la force du courant.

Le torpilleur alla attaquer, en naviguant à fleur d'eau, un bateau à vapeur mouillé devant Scutari.

Quoique la direction fût connue, on eut beaucoup de peine à le suivre, par suite de l'absence de fumée, et du peu de différence qu'il y avait entre la couleur de sa coque et celle de la mer.

Quand il fut à distance voulue du navire, on vit deux jets d'eau s'élever dans l'air pour retomber en pluie.

Le tube de lancement des torpilles avait été ouvert.

Une expérience sous l'eau fut exécutée dans les mêmes conditions. La distance à franchir n'étant pas grande, le *Nordenfelt* marcha lentement, de manière à pouvoir prendre toutes ses dispositions pour plonger avant d'être trop près de l'ennemi qu'il voulait attaquer.

Bientôt il disparut complètement, pour reparaître peu après, de l'autre côté du navire sous lequel il avait passé, en faisant son attaque simulée.

Ce bateau sous-marin possède une vitesse de 8 nœuds, il plonge sous l'effort de deux hélices latérales.

Le bateau sous-marin *Nordenfeld* a été expérimenté également en 1885, à Stockolm, en 1886, à Salamine et enfin à Portsmouth, en 1887.

Des expériences ont été faites vers la fin de 1887, à Kiel et à Dantzick avec le Nordenfelt modifié.

Le bateau mesure 34m, 66 de longueur et porte à l'avant deux tuyaux pour le lancement des torpilles ayant chacune 4m, 86 de longueur.

Pour sa défense, quand il navigue à fleur d'eau, il est pourvu d'un canon à tir rapide et de trois torpilles Melvoy.

Son approvisionnement de charbon lui permet de parcourir 200 milles à la vitesse de 12 nœuds.

Il peut plonger avec sécurité à une profondeur de 29 mètres.

Une citerne de la contenance de cinq tonneaux contrôle la profondeur atteinte à la descente.

Ce mouvement d'immersion est opéré par deux hélices verticales, mises en action par une machine à 2 cylindres, de la force de 6 chevaux.

L'installation intérieure est faite pour trois personnes.

Le 23 juillet 1887, en l'honneur du Jubilé de la reine d'Angleterre, un bateau mu par l'électricité et construit dans le « Victoria Dock », prit part à la grande revue de Spithead.

Ce bateau mesure 27m, 36 de longueur, sur 3m, 34 de largeur, avec 4m, 7 de creux.

Son appareil moteur présente une innovation remarquable dans l'emploi de l'électricité comme force motrice : en addition aux 400 accumulateurs qui composent cette force, il possède une machine auxiliaire qui utilise celle accumulée par la marche même du bateau dans l'eau. La vitesse a été de 12 nœuds.

Actuellement, le gouvernement russe possède des bateaux sous-marins, système Goubet, dont nous donnerons la description plus loin.

Le marché a été passé en l'année 1881, après de nombreuses expériences qui ont été très satisfaisantes, et qui ont fait la gloire de M. Goubet, ingénieur à Paris.

De nos jours, les sous-marins qui se servent de l'électricité comme force motrice sont déjà nombreux ; nous en comptons : deux en Angleterre, un en Amérique, un en Italie, un en Espagne et enfin quatre en France, dont deux en cours de construction. Ces 4 sous-marins sont :

Le *Gymnote*, le *Goubet*, le *Gustave-Zedé* et le *Morse*.

La première application des bateaux sous-marins mus par l'électricité en France, a été conçue par M. Dupuy de Lôme qui en avait trouvé une solution simple et pratique.

Malheureusement, la cruelle maladie qui l'enleva à sa patrie ne lui permit pas de donner suite à son projet.

Ce fut M. Gustave Zédé, ancien directeur des Constructions Navales, qui réunit les idées de M. Dupuy de Lôme et leur donna un corps, en étudiant complètement le navire sous-marin.

M. Zédé proposa de faire construire le *Gymnote*, avec la collaboration de M. Romazotti, ingénieur de la marine, et de M. le capitaine Krebs qui a établi le moteur électrique de son invention.

D'une note communiquée au Génie Civil par M. Lisbonne, ancien directeur des Constructions Navales, nous extrayons les fragments qui suivent sur le *Gymnote*.

Le *Gymnote* a la forme d'une torpille Vhitehead, muni de deux gouvernails imités de ceux des torpilleurs autonomes : l'un horizontal et très puissant, pour obtenir l'immersion désirée, et l'autre vertical, pour la direction.

En outre, le déplacement et l'assiette du bateau peuvent varier au moyen de réservoirs d'eau qu'une pompe Behrens vide ou remplit.

Il mesure 20 mètres de longueur sur $1^{m}80$ de largeur, il déplace 30 tonneaux et peut soutenir une vitesse de 10 nœuds pendant trois heures, au moyen du moteur Krebs, actionné par des accumulateurs au plomb.

Les temps de fonctionnement varient sensiblement en raison inverse des cubes des vitesses, on voit par conséquent qu'en réduisant celles-ci, on accroîtra très vite l'espace franchissable.

Pour permettre de sonder l'horizon, tont en naviguant sous l'eau, on a installé un appareil réflecteur, à miroirs inclinés.

Les essais préliminaires ont eu lieu dans l'arsenal de Toulon. Ils ont été satisfaisants. En ce qui concerne la navigation, le *Gymnote* plonge et revient sur l'eau comme un véritable marsouin.

Une grande difficulté reste à vaincre : c'est la vision sous l'eau ; à cet égard, l'appareil actuel qui sert à sonder l'horizon n'a pas donné les résultats qu'on espérait.

Quant au bateau sous-marin le *Gustave Zédé*, nous savons que le moteur électrique fonctionnera avec une intensité de 200 ampères et une force électro-motrice de 250 à 300 volts.

Deux moteurs seront accouplés et pourront se désembrayer à volonté.

La force sera de 720 chevaux.

Il y aura trois vitesses qui seront obtenues au moyen d'un coupleur cylindrique spécial pour les accumulateurs.

Entre ces trois vitesses on pourra faire varier le nombre de tours du moteur en modifiant le courant envoyé par une batterie spéciale servant à exciter les inducteurs.

Ce bateau est construit en tôle de cuivre, il portera un tube lance-torpille à l'avant.

Conditions générales d'existence

Une étude sur les bateaux sous-marins, présentée par M. A. Ledieu, ancien membre de la Commission des Examens des Mécaniciens, ex-inspecteur hydrographe à l'Académie des Sciences, nous donne toutes les conditions de la navigation sous-marine.

Nous en donnerons ici un léger aperçu, avant d'entrer dans la description de deux types de bateaux sous-marins essayés en France :

AÉRATION DES BATEAUX SOUS-MARINS

L'amiral Bourgois, dans l'aération de son bateau, avait avec raison rejeté les moyens de révivifier l'air chimiquement ; car les matières organiques en suspension dans cet air, et qui sont plus ou moins toxiques, ne se trouvent nullement détruites par un tel procédé.

Il recourait, comme nous le verrons plus loin, à une pompe pneumatique qui expulsait les gaz viciés ; et les réservoirs à air comprimé remplacaient ces gaz par un écoulement réglé à la main.

A propos de l'aération, il y a lieu de signaler la buée qui se produit parfois dans le compartiment de l'équipage, par le refroidissement de l'air expiré qu'occasionne l'air renouvelé en sortant trop rapidement des réservoirs.

On peut ne pas se servir de l'air comprimé comme aération du bateau, en employant l'air emmagasiné dans ce dernier, qui est largement suffisant, pour une plonge de 4 à 5 heures et même plus si le bateau avait une capacité intérieure plus grande.

IMMERSION, ASCENSION

L'immersion se fait pratiquement, d'une manière suffisante, grâce aux efforts de MM. Bouet et Payerne qui y ont beaucoup contribué, le premier par de généreux sacrifices, et le second par de persévérants travaux.

Nous savons, théoriquement, qu'un corps plongé dans l'eau remonte à la surface lorsque son poids est inférieur à celui du liquide déplacé, et s'enfonce dans le cas contraire.

Il est donc clair que pour produire l'immersion ou l'ascension, il suffit d'établir la plus légère différence entre le poids du bateau sous-marin, étant en équilibre sur l'eau, et la poussée équivalente au poids du volume d'eau qu'il déplace.

Le procédé employé pour atteindre ce but consiste à introduire de l'eau dans l'intérieur du bateau, et à l'en expulser suivant que l'on veut produire l'immersion ou l'émersion.

L'introduction de l'eau à l'intérieur du bateau s'obtient facilement en ouvrant un robinet de communication avec le dehors, et en laissant agir la pression de la colonne liquide extérieure, pourvu que cette pression soit supérieure à celle de l'air dans le bateau sous-marin.

Cette condition pourra toujours être remplie, à l'aide de deux robinets, l'un à la partie supérieure du réservoir à eau, pour laisser échapper l'air si sa pression est en excès, l'autre à la partie inférieure, pour laisser entrer le liquide en vertu de l'excès de pression, qui tendra à devenir égal à la pression d'une colonne liquide ayant pour hauteur la différence de hauteur des deux robinets.

Quant à l'expulsion de l'eau, elle peut se faire très facilement.

On peut charger des petits accumulateurs d'air, pour opérer par leur pression, l'expulsion de l'eau renfermée dans les réservoirs en manœuvrant convenablement la robinetterie.

DIRECTION DANS LE PLAN VERTICAL

Cette direction peut se faire de différentes manières, soit au moyen de l'hélice du bateau sous-marin, soit avec l'eau des compartiments ou réservoirs, soit à l'aide de gouvernails.

Prenons le cas de l'eau, et supposons dans le bateau sous-marin, un ou plusieurs réservoirs pleins d'eau, communiquant au moyen de robinets par leur partie inférieure, avec l'eau ambiante, et à leur partie supérieure, mais séparément, avec l'intérieur de la chambre du bateau et avec des réservoirs d'air comprimé.

La pression des réservoirs étant supposée en excès sur la pression atmosphérique augmentée de celle de la colonne liquide au-dessous des robinets de prise d'eau, il suffira, pour expulser l'eau d'un réservoir, et pour alléger par suite le bateau, d'ouvrir les robinets de communication de ce compartiment avec le réservoir à eau et avec l'eau ambiante.

L'air comprimé chassera alors à la mer l'eau de ce compartiment et le bateau tendra à monter dès que l'allègement aura rendu son poids inférieur à celui du volume déplacé.

S'il s'agit d'opérer l'immersion, on mettra le compartiment à eau en communication, à sa partie supérieure, avec la chambre intérieure du bateau, pour ramener la pression de l'air dans ce compartiment à une valeur peu différente de la pression normale à l'intérieur du bateau, c'est-à-dire d'une atmosphère.

(Cette condition peut toujours être remplie à fleur d'eau, en ouvrant à la partie supérieure de la chambre un robinet de communication avec l'atmosphère.

Lorsqu'on est entre deux eaux, la pompe d'évacuation doit maintenir la pression dans l'intérieur du bateau à sa valeur normale.)

On ouvrira ensuite le robinet inférieur qui fait communiquer le compartiment avec l'eau ambiante.

Celle-ci s'introduira aussitôt, en refoulant l'air du compartiment dans la chambre intérieure, et le mouvement de descente s'opèrera dès que le poids du bateau dépassera celui du volume d'eau déplacé.

DIRECTION DANS LE PLAN HORIZONTAL

Il y a deux cas à considérer : l'un, sous l'eau, l'autre à fleur d'eau.

Dans le premier cas, on marche sans apercevoir le but à atteindre, mais on a dû, avant de s'immerger, prendre connaissance exacte du relèvement et de la distance de celui-ci, apprécier la vitesse du but ennemi s'il est mobile, et déduire de ces données la direction et la longueur du chemin que le bateau sous-marin devra suivre pour se trouver à quelques encablures du but qu'il se propose d'attaquer.

Pour suivre la direction voulue, le bateau sous-marin se guidera sur des compas corrigés des influences de la coque, ou mieux encore sur un appareil que l'on nomme *Gyroscope,* basé sur le principe de la toupie et dont nous donnerons la description plus loin.

Un gouvernail ordinaire placé à l'arrière de l'hélice et manœuvré soit par un servo-moteur électrique, ou par une barre ordinaire, suffit pour donner au bateau sous-marin la direction voulue dans le plan horizontal.

MARCHE DES BATEAUX SOUS-MARINS SOUS L'EAU

Il est très difficile de maintenir un bateau sous-marin à la même profondeur pendant sa navigation.

Différentes causes tendent continuellement à faire varier la distance du bateau à la surface de l'eau.

La plus légère différence entre le poids du bateau étant plongé et le poids du liquide qu'il déplace, donne naissance à une force verticale qui, selon le cas, fait monter ou descendre le bateau jusqu'à ce qu'il trouve une couche liquide dont la densité ait une valeur qui rétablisse l'égalité entre le poids et la poussée verticale, et par suite l'équilibre.

L'eau étant peu compressible et sa densité ne variant que d'une quantité minime pour un accroissement de pression d'une atmosphère, il s'ensuit que le mouvement ainsi déterminé doit généralement ne cesser qu'au fond ou à la surface de l'eau.

On peut neutraliser ce mouvement comme nous venons de le dire plus haut, c'est-à-dire au moyen de gouvernails ou de l'eau ambiante expulsée ou introduite.

Il s'ensuit de là que ce mouvement arrive à l'uniformité, lorsque la vitesse augmente au point de donner à la résistance éprouvée par le bateau dans son mouvement, une valeur précisément égale à la force motrice qui est ici la différence entre le poids du bateau et celui du volume déplacé.

Pour conserver la profondeur d'immersion, il y a une grande difficulté qui résulte du changement dans l'assiette du bateau, dû aux déplacements des poids à l'intérieur, et desquels proviennent les variations dans la direction du mouvement par rapport à la verticale.

Les inclinaisons modérées de l'axe offrent un excellent moyen de faire varier la profondeur d'immersion.

On peut atteindre ce but par trois procédés différents.

On peut établir à l'avant et à l'arrière du bateau des réservoirs à eau, pouvant recevoir le liquide ambiant, en permettant son expulsion par l'effet de la pression de l'air des réservoirs.

Par ce procédé, le bateau prend des inclinaisons plus ou moins grandes, et ce dernier étant animé d'une certaine vitesse, monte ou descend suivant le cas.

Cette manœuvre se fera avec autant plus de facilité que la vitesse du bateau sera plus grande.

Il y a un autre moyen qui consisterait à établir de l'avant à l'arrière, de petits rails sur lesquels on fera courir des chariots lestés en plomb.

La position de ces chariots par rapport au centre de gravité du bateau, règlera son assiette.

Enfin, le troisième procédé consiste à changer l'assiette du bateau sous-marin au moyen de gouvernails à axe horizontal.

Un quatrième procédé est encore employé dans le service d'une hélice articulée, comme celle adoptée par le bateau sous-marin le *Goubet*.

Mécanismes nécessaires à la marche

DES

Bateaux Sous-Marins

CHAPITRE II.

DESCRIPTION DU "PLONGEUR"

En 1858, M. le capitaine de vaisseau Bourgois adressait au Ministre de la Marine, un mémoire sur la navigation sous marine.

Ce mémoire ayant été communiqué aux ports, en les invitant à présenter des projets d'exécution d'un bateau de l'espèce indiquée dans le mémoire, et mû par une machine à air comprimé, M. l'ingénieur Ch. Brun, du port de Rochefort, présenta ses plans, qui furent les seuls approuvés par le Conseil des Travaux, dans l'année 1860.

C'est donc au mois de juin 1860, que l'on commença la construction du *Plongeur*.

Le *Plongeur* est entièrement construit en tôle de fer.

Sa carène a la forme d'un long cigare aplati.

Ses principales dimensions sont :

Longueur entre perpendiculaires	42m 50
Largeur	6m
Profondeur	3m
Poids de la coque	135.000 kilog.
Poids de la machine et réservoirs à air	59.000 »
Poids de l'eau introduite pour l'immersion	33.000 »
Poids de l'équipage et des objets d'armement	13.850 »
Poids du lest en fer	212.350 »
Surface du maître couple immergée	13m²
Distance du centre de gravité sur quille	1m 395

L'avant du *Plongeur* se termine en pointe. Le dessus est surmonté d'une petite tourelle de 1m 50 de hauteur sur 0m 60 de diamètre, destinée à servir d'observatoire pendant la navigation à fleur d'eau, et percée, dans ce but, de plusieurs regards vitrés.

L'avant est aplati pour recevoir une embarcation de sauvetage à fond plat, fixée à la coque par trois grandes vis.

La partie supérieure de cette embarcation est terminée par un dôme mobile, se raccordant avec la coque du bateau par une carapace percée de trous.

Des trous d'homme correspondants et placés, deux à la partie inférieure de l'embarcation, et deux à la partie supérieure de la coque, permettent de passer librement du bateau dans l'embarcation pour échapper à un danger quelconque.

Le *Plongeur* est divisé en plusieurs compartiments.

Les deux premiers sont formés par des cloisons transversales, celui de l'avant est complètement vide, et le second renferme cinq réservoirs à air.

L'arrière du bateau est occupé par la chambre de la machine, et par deux réservoirs à eau.

Les réservoirs à air sont en tôle d'acier de 8 m/m d'épaisseur.

Ils ont 7m 25 de longueur et 1m 12 de diamètre. Leur poids total est de 45 tonneaux.

Le volume des cinq réservoirs de l'avant est de 30mq et celui de dix-huit autres cylindriques, placés dans des compartiments latéraux, est de 117mq.

On chargeait ces réservoirs à une pression de douze atmosphères par centimètre carré.

Les réservoirs à air de chaque groupe communiquent entre eux, et avec la machine à laquelle ils fournissent l'air nécessaire à son fonctionnement.

Le compartiment qui renferme ces accumulateurs d'air sert également de caisse à eau.

Ce compartiment communique par un long tuyau à deux prises d'eau, l'une à l'avant, l'autre à l'arrière.

L'introduction de l'eau se fait par le simple effet de la pression du liquide extérieur.

Le volume total de ce réservoir à eau était de 56mq et, pour produire l'immersion complète, il ne fallait que 33mq d'eau.

La manœuvre des robinets, au moyen desquels on remplissait ou vidait les réservoirs à eau, déterminait les grands mouvements d'immersion ou d'émersion.

Pour obtenir, en naviguant, une immersion à peu près constante, il a fallu avoir recours à un instrument plus délicat.

Cet instrument consistait en deux cylindres verticaux placés sur l'avant de l'observatoire, et communiquant, par leur base inférieure, avec l'intérieur du bateau.

Ces cylindres étaient munis de pistons, dont les tiges filetées, manœuvrées à bras, par un volant recevaient un mouvement vertical.

En élevant le piston, on augmentait le volume du bateau, et celui-ci montait ; dans le cas contraire, il descendait.

Pour prévenir un accident et pouvoir remonter promptement, le bateau possédait un double fond renfermant 34 tonneaux de lest.

Ce lest était maintenu à la coque du bateau par une porte à charnière, suspendue à l'aide d'une tige traversant la coque par un joint étanche.

En agissant sur un déclic arrêtant la tige, le lest, par son propre poids, ouvrait la porte et s'échappait librement.

La machine motrice située à l'arrière du bateau, était à simple effet, composée de deux groupes, de deux cylindres inclinés à 45° et conjugués deux à deux sur le même arbre.

Les bielles étaient attelées directement à la face supérieure des pistons.

La machine était munie d'une détente variable, et faisait mouvoir une pompe d'épuisement d'eau.

L'air, amené des réservoirs, n'agissait que sur la face inférieure des pistons.

Après s'être détendu, il se rendait directement dans la chambre de l'équipage, où il servait à la respiration des hommes.

Une soupape, semblable à celle des scaphandres, placée à la partie supérieure du bateau, s'ouvrait de dedans en dehors, pour laisser échapper l'air en excès lorsque la pression intérieure devenait plus forte que la pression atmosphérique plus le poids de la colonne d'eau au-dessus du bateau.

La machine du *Plongeur* transmettait son mouvement à une hélice à 4 ailes, ayant un diamètre de 2 mètres, un pas de 4 mètres et une fraction de pas totale de 0m 375.

Le *Plongeur* possédait un gouvernail vertical placé derrière l'étambot, et deux gouvernails horizontaux symétriquement placés de chaque côté, à l'arrière.

Le mouvement était donné par un treuil, manœuvré à bras.

Des manomètres à mercure et à air comprimé, en communication avec le milieu ambiant, lorsque le bateau était immergé, servaient à mesurer la profondeur de son immersion.

A propos des indications des manomètres, supposés établis sur les côtés du bateau, il y a à considérer que ces indications cesseront d'être rigoureusement exactes, lorsque le bateau prendra une certaine vitesse, car la vitesse relative du liquide ambiant exerce sur la pression que ce liquide fait éprouver à la surface latérale des corps plongés une influence appréciable, sans que cependant la science ni l'expérience n'aient donné la loi de ces variations de la pression statique latérale en fonction de la vitesse.

Cependant, en pratique, ces indications sont toujours néanmoins assez exactes, pour faire connaître si le bateau s'élève ou descend, et pour accuser, à un ou deux mètres près la profondeur d'immersion.

L'embarcation de sauvetage avait 8^{m} de longueur sur 1^{m} 70 de largeur et 1^{m} 10 de creux.

Elle pouvait recueillir les 12 hommes qui formaient l'équipage, et elle était munie, aux extrémités de coffres d'air qui déterminaient son ascension et la rendaient insubmersible.

Les communications entre le pont supérieur et l'intérieur du bateau, lorsqu'il était émergé, avaient lieu par un panneau à l'avant de la machine et par le sommet de l'observatoire.

Lorsqu'il fallait plonger, ces ouvertures étaient fermées, et leurs joints rendus étanches.

Pour diriger la route à fleur d'eau, le capitaine, à l'intérieur, gravissait quelques marches d'une échelle et montait sur une petite plateforme d'où, en passant la tête et le haut du corps dans l'observatoire, il apercevait, par les regards vitrés, les différentes parties de l'horizon.

EXPÉRIENCES DU " PLONGEUR "

Une commission nommée par dépêche du 13 janvier 1863, et composée de MM. Bourgois et Brun, procédait, le 8 juin suivant, à une expérience de machine au point fixe, au moyen de 8 réservoirs d'un volume de 48^{mq} où la pression de l'air avait été portée à 12 atmosphères.

En 17 minutes, la pression descendit à 1 atmosphère 5, le travail développé de 68 à 6 chevaux indiqués, et la pression effective sur les pistons de 5 atmosphères 25 à 0 atmosphère 84.

Le 10 juin, le bateau étant immergé au tirant d'eau de 2^m 52, qui correspondait à un maître couple de 9^{mq} 40, on fit une expérience de navigation en rivière entre Rochefort et Charente, sur un parcours de 5.750 mètres.

Les réservoirs avaient été chargés à 10 atmosphères.

La remonte dura 1 heure, pendant laquelle on utilisa l'air de 11 réservoirs cubant 67^{mq} 54.

La descente dura 1 heure 2'; on y employa 12 réservoirs de 73^{mq}6 à une pression de 10 atmosphères.

La vitesse moyenne avait été de 3 nœuds avec 36 tours de machine par minute.

En somme, on a constaté que le bateau gouvernait bien et que le fonctionnement de la machine ne laissait rien à désirer.

Alors commencèrent, dans un bassin du port de Rochefort, les expériences d'immersion et d'émersion.

Le bassin avait 130^m de longueur et offrait, dans certaines marées, une profondeur de 6^m 40.

Afin d'éviter les conséquences dangereuses qui étaient à prévoir, on avait établi un tuyau communiquant, par sa partie inférieure, avec l'intérieur du bateau et qui débouchait à l'atmosphère.

Une valve étanche fermait ce tuyau à volonté.

Cette précaution n'a pas été inutile, car la commission étant à bord et ayant fait immerger le bateau, un des regards vitrés placé à la partie supérieure de la coque se brisa sous le poids de la colonne d'eau, l'équipage eut le temps de sortir du bateau par cette manche qui communiquait à l'extérieur.

Le 5 septembre, après avoir mis le *Plongeur* en état, on fit une expérience d'immersion qui donna des résultats satisfaisants.

L'embarcation de sauvetage fut essayée et l'équipage ayant été embarqué, et les trous d'homme du bateau et du canot fermés, on manœuvra les vis en commençant par celles des extrémités.

Lorsque les filets de ces vis furent dégagés de leurs écrous, le canot monta à la surface de l'eau et y prit sa position d'équilibre.

Après cette série d'expériences, on enleva le tuyau de communication avec l'atmosphère.

Il fut démonté et le trou qui y donnait accès fermé avec soin.

Le 12 septembre, eut lieu la dernière expérience dans le bassin de Rochefort.

Les essais ont eu pour but d'étudier l'influence du fonctionnement de l'hélice sur l'assiette du bateau immergé.

Le batiment étant immergé, on a essayé la soupape d'échappement d'air qui a fonctionné avec facilité sous l'effort du léger excès de pression de l'air à l'intérieur sur celle du milieu ambiant.

On a remarqué, dans cette manœuvre, qu'à l'ouverture de la soupape, le bateau a pris un mouvement ascensionnel.

Dans une autre expérience, faite le 14 février 1864, on manœuvra la manivelle du cylindre régulateur de façon à faire descendre lentement son piston et à produire une immersion plus complète.

Lorsque le mouvement de descente commença à s'accuser, on chercha à l'enrayer en faisant remonter le piston du cylindre régulateur.

On crut y être arrivé lorsqu'on vit le *Plongeur* immobile à 80 centimètres du fond, mais ce n'était qu'une illusion.

En réalité, le *Plongeur* était échoué sur un lit de vase.

Pour remonter on fit agir le petit cheval. Son effet ne se manifesta qu'au bout de 75 secondes.

Enfin on fit des expériences en pleine mer.

La première de ces expériences avait pour but l'étude de l'équilibre du *Plongeur* entre deux eaux au moyen de la manœuvre des pistons des cylindres régulateurs, après l'immersion de l'observatoire dont le volume égalait celui des deux cylindres.

On croyait n'avoir diminué le volume du bateau que de la quantité strictement nécessaire pour déterminer un commencement d'immersion, lorsque le mouvement de descente se produisit avec une vivacité que les expériences du bassin n'avaient pas permis de prévoir.

Les volants des régulateurs furent aussitôt manœuvrés pour arrêter ce mouvement ; mais à mesure que le *Plongeur* s'enfonçait, les hommes chargés de la manœuvre rencontraient une plus grande résistance.

Leurs efforts devinrent impuissants et le *Plongeur* toucha le fond sans secousse, environ une minute après que le mouvement de descente avait commencé.

Malgré l'accroissement de la pression extérieure, aucune infiltration dans les parois de la coque n'a été observée.

Pour opérer la remonte, on fit pomper par le petit cheval l'eau des réservoirs dont le centre de gravité est un peu sur l'arrière du milieu du bateau.

Après quelques minutes, le *Plongeur* remonta.

On recommença cette expérience, la vitesse de descente n'excéda pas 4 mètres par minute.

Il fut cependant impossible d'arrêter ce mouvement à temps.

Le *Plongeur* est allé toucher le fond pour remonter ensuite après avoir fait fonctionner le petit cheval.

Le 21, on voulut mesurer la vitesse de ce bateau naviguant sous l'eau, à l'exception de l'observatoire.

On choisit pour base la distance de 965 mètres, qui sépare la bouée des Fontenelles de celle des Moullières à l'embouchure de la Charente, et le *Plongeur* l'avait parcourue avec une vitesse initiale de 5 nœuds.

Le 24, on fit une autre expérience ayant pour but de rechercher si le *Plongeur* pouvait réaliser en marche, cet équilibre qu'on n'avait pu obtenir au repos.

On l'a mis en marche en l'immergeant graduellement, jusqu'à ne laisser que le sommet de l'observatoire hors de l'eau ; on a manœuvré pour plonger au moyen des gouvernails horizontaux et en abaissant le piston d'un des cylindres régulateurs.

Le manomètre indiquait une colonne d'eau de 2^m 40 au-dessus du pont.

Pour arrêter le mouvement de descente, on manœuva les gouvernails horizontaux et, dans l'impuissance de faire remonter à la main les pistons des cylindres régulateurs, on chassa, au moyen de la pression de l'air, l'eau des réservoirs de l'avant.

Le *Plongeur* remonta à la surface jusqu'à découvrir l'observatoire.

On stoppa pour se débarrasser d'un excès de pression de l'air à l'intérieur, et l'on remit de l'eau dans les réservoirs avant de recommencer l'expérience.

On remit en marche et on plongea comme précédemment, en cherchant toutefois à obtenir les mouvements d'ascension et de descente avec de moindres quantités d'eau introduites ou expulsées.

Le *Plongeur* descendit jusqu'à toucher le fond et remonta aussitôt, par le double effet des gouvernails horizontaux et de l'expulsion d'une petite quantité d'eau.

Il eut une tendance à remonter qui s'accusait de plus en plus, on baissa le piston d'un des régulateurs, ce qui eut pour effet un nouvel enfoncement graduel du bateau auquel on obvia un instant par la manœuvre des gouvernails horizontaux.

Pendant que toute l'attention était dirigée vers la manœuvre intérieure, le jusant avait commencé, et le *Plongeur* avait dérivé sur des fonds plus petits.

Lorsqu'une troisième fois il plongea en marche, la profondeur de l'eau n'était guère que de 5 mètres au lieu de 10 comme auparavant.

Le fond était de vase très molle.

Pendant quelque temps le *Plongeur* chemina en glissant sur ce fond sans qu'à l'intérieur on eut la sensation de le toucher.

On eut donc l'illusion d'avoir réalisé le problème cherché d'équilibre.

Cette illusion ne fut pas de longue durée, car l'excès de pression, à l'intérieur, ayant fait lever la soupape d'évacuation et chasser une petite quantité d'eau contenue dans sa boîte, le *Plongeur* remonta à la surface.

On communiqua alors avec le bateau qui suivait tous les mouvements du *Plongeur*, accusés par une tige verticale en fer surmontée d'un petit pavillon et fixée sur le pont de ce bateau.

La sonde jetée n'ayant indiqué que 5 mètres, aucun doute ne pouvait subsister sur ce point, que le *Plongeur*, au lieu de s'être maintenu entre deux eaux, avait glissé sur le fond.

CONCLUSIONS

Les expériences faites avaient permis de constater que l'exécution de la coque, du réservoir à air et de la machine ne laissaient rien à désirer ; que l'embarcation de sauvetage et le système de déclics pour lâcher, au besoin, le lest mobile répondaient à leur destination ; que la stabilité était suffisante dans tous les sens ; que le bateau, immergé jusqu'à ne laisser paraître, au-dessus de l'eau, que le haut de l'observatoire et les verres par lesquels on regardait pour gouverner, évoluait bien et pouvait être facilement dirigé vers le but à détruire ; qu'à cette allure, comme sous l'eau, le *Plongeur* pouvait naviguer pendant environ deux heures à des vitesses de 4 nœuds en moyenne ; que dans les mêmes conditions de durée d'approvisionnement et de vitesse, mais avec une moindre certitude de direction, il pouvait, par une profondeur d'eau ne dépassant pas 10 mètres et par un fond régulier, s'avancer vers le but à détruire en glissant ; que le fonctionnement de la machine à air ne faisait éprouver aucune gêne sensible à l'équipage ; que les mouvements d'immersion et d'émersion étaient possibles et même faciles, mais que malgré les modifications apportées au système pendant les expériences, ces mouvements ne s'obtenaient pas avec assez de promptitude pour combattre à temps les mouvements d'ascension ou de descente qui venaient à se déclarer et pour maintenir le *Plongeur* en équilibre entre le fond et la surface ; qu'il en était de même de l'action des gouvernails horizontaux durs et lents à manœuvrer, parce qu'ils n'étaient pas équilibrés autour de leur axe horizontal, et dont l'effet en raison de la faible vitesse du bateau, ne se faisait que tardivement sentir ; qu'ainsi le seul problème de l'équilibre, ou au moins de la limitation des oscillations verticales du bateau, au repos et en marche, restait à résoudre.

Dans une deuxième période d'expériences présidée par M. Lebelin de Dionne, sous-ingénieur de la marine ; celui-ci a conclu dans son rapport, que l'équilibre du *Plongeur* au-dessus du fond a été obtenu, que cette question peu être considérée comme résolue théoriquement, mais qu'elle ne l'est pas pratiquement.

Les expériences n'ont pas été continuées.

Il est à remarquer que si on les avait prolongées, dans le but d'obtenir plus longtemps et le plus régulièrement l'équilibre cherché au repos, soit au moyen du régulateur à air comprimé, au lieu de la force musculaire des hommes, le succès même de ces recherches aurait nui à la solution finale du problème à résoudre, en introduisant une cause de dépense d'air qui aurait notablement réduit la durée déjà un peu courte du fonctionnement de l'appareil.

Dans cet ordre d'idées et dans les conditions particulières de construction du *Plongeur* (*), il fallait renoncer à un résultat pratique.

(*) Actuellement, ce bateau ayant été transformé, sert de citerne et de remorqueur dans le port de Rochefort.

DESCRIPTION DU " GOUBET "

(Planches Nos 1 et 2)

L'une des premières applications de l'électricité employée comme force motrice, pour les bateaux sous-marins, a été faite par M. Goubet aîné, ingénieur à Paris, qui a construit un bateau sous-marin dont le moteur principal est une machine électrique type Siemens.

Cette machine reçoit son énergie de plusieurs batteries d'accumulateurs au plomb.

Le bateau sous-marin que nous allons décrire, et dont nous empruntons les croquis à l'*Engineering*, et la partie descriptive aux *Annales industrielles* est construit d'une façon toute particulière, ce qui en fait un type unique de son genre.

Comme nous le verrons dans le cours de cette description, il ne possède aucun gouvernail ; l'hélice étant mobile peut prendre des inclinaisons différentes qui font changer l'assiette du bateau à chaque instant.

Appareil moteur. — L'appareil électrique est calculé pour donner au bateau immergé une vitesse de cinq nœuds à l'heure, ce qui correspond à une dépense de force motrice de 42 kilogrammètres.

Il comprend 42 accumulateurs dont 6 forment une réserve ; ils ont comme dimensions $0^m 30 \times 0^m 30 \times 0^m 18$, soit un volume total de 1/2 mètre cube environ ; ces 42 accumulateurs primitivement employés ont été remplacés par 60 éléments Stchetline à oxyde de cuivre renfermés dans une caisse hermétique.

La réceptrice est un dynamo Siémens du type appliqué aux tramways ; elle pèse de 180 à 200 kilogrammes, et marche à une tension de 48 volts et un débit de 8,8 ampères. Dans ces conditions le bateau se suffit aisément pendant 10 à 12 heures.

Il pourrait d'ailleurs, en cas d'explorations sous-marines, être actionné pendant l'immersion, par le moteur du navire auquel il serait attaché au moyen d'une transmission à distance.

Hélice mobile (pl. 2). — L'hélice mobile, du système Goubet, peut prendre une direction oblique dans tous les sens, par rapport à l'axe du navire, sans que son mouvement de rotation continu soit altéré

Cette propriété permet de supprimer le gouvernail et d'exécuter sur place les évolutions nécessaires, quelque faible que soit la vitesse, avantage important pour la fixation d'une torpille sous un navire ennemi.

Pour obtenir ce résultat, M. Goubet dispose des charnières AA' (Fig. 2 et 3) articulées sur les axes BB' fixés l'un sur le support mobile C de l'hélice gouvernail, l'autre sur l'étambot.

La charnière supérieure A sert seule à dévier l'hélice ; l'autre n'agit que comme pièce d'articulation.

La première se termine par un secteur denté, commandé de l'intérieur par un engrenage à vis sans fin D, auquel un volant V avec chaîne de Galle, placé sous la main du timonier imprime le mouvement convenable.

La partie supérieure de l'étambot porte également un secteur denté E fixe, sur lequel roule celui de la charnière A.

L'arbre moteur est relié à celui de l'hélice par un joint universel, dû également à M. Goubet, et dont nous donnerons la description plus loin.

Ce joint consiste à réunir les extrémités des arbres terminés par des parties sphériques, au moyen d'une boîte qui est toujours également inclinée par rapport aux deux arbres.

La combinaison de ce manchon d'accouplement, avec le système de commande de l'hélice mobile, permet donc d'obtenir pour la charnière et le manchon un parallélisme parfait à tous les angles, et les axes de ces deux pièces sont toujours situés dans le même plan, conditions qui assurent la régularité du mouvement.

Le manchon d'accouplement F est renfermé dans une enveloppe à l'abri de l'eau.

Rames (pl. 2).— Pour assurer en cas d'accident du moteur la sécurité de l'équipage, le constructeur a établi des rames (fig.3) qui peuvent être actionnées de l'intérieur, et suffisent en raison de l'immersion, à développer une vitesse de 3 nœuds à l'heure, par l'application du travail des deux hommes composant l'équipage.

La rame comprend deux parties : la palette proprement dite, composée de volets mobiles qui se replient pendant le travail et s'étalent au retour, et de la poignée levier A, se trouvant à l'intérieur du bateau.

Celle-ci embrasse un axe B aux extrémités duquel sont clavetés les bras d'une fourche C qui porte la palette.

L'arbre B et son joint avec la tige A sont renfermés dans une boîte en bronze D fixée aux flancs du bateau, et des écrous en bronze avec garniture de caoutchouc, arrêtent les infiltrations d'eau qui pourraient se produire le long de l'arbre B.

Lorsque le moteur fonctionne, les rames s'appliquent le long des flancs et n'opposent aucun obstacle à la marche.

Manœuvre du bateau. — Comme le montre la figure 1, le sous-marin présente une forme ovoïde.

L'épaisseur des tôles de la coque varie suivant la profondeur qu'on veut obtenir. La longueur totale du bateau est de 5 mètres, sa hauteur au milieu est de 1m 780, sa largeur de 1 mètre.

Ces faibles dimensions permettent de l'embarquer à bord d'un navire de guerre, et de le mettre à la mer ainsi qu'un canot ordinaire, au commencement du combat.

Le bateau sous-marin renferme les organes suivants : un réservoir d'air comprimé A qui sert de siège aux hommes de l'équipage, à l'avant les accumulateurs, à l'arrière le moteur électrique ; une pompe à eau B actionnée par le moteur au moyen d'un embrayage et servant à épuiser l'eau introduite pour l'immersion, par un robinet à trois voies P dans les réservoirs inférieurs E, E'.

Ceux-ci sont disposés symétriquement par rapport à l'axe vertical, et séparés l'un de l'autre ; chacun d'eux est en outre divisé en plusieurs compartiments qui ne communiquent que par une petite ouverture, afin, de restreindre les déplacements d'eau en cas d'inclinaison du bateau.

Une seconde pompe à eau à double effet, est destinée, comme nous l'indiquerons plus loin, à maintenir la stabilité en puisant ou en refoulant de l'eau, suivant les cas, de l'un des réservoirs F dans l'autre F' et réciproquement.

Enfin une pompe à air G est constamment en marche pour extraire l'air vicié.

Le bateau est fermé par un dôme H de 0m 80 sur 0m 40, qui se fixe sur la coque par des charnières et un verrou à vis.

Ce dôme s'encastre dans une rainure pourvue d'une bande de caoutchouc, formant joint étanche, et porte sept ouvertures fermées par des glaces de 12 m/m d'épaisseur.

Elles sont protégées par un grillage, et un obturateur est adapté à chaque regard pour prévenir l'introduction de l'eau en cas de rupture des glaces

L'équipage peut se maintenir en communication avec le navire dont il est détaché, soit au moyen d'un appareil téléphonique, s'il évolue autour de lui, soit au moyen de fusées signaux, qu'on introduit dans un tube J fermé par deux obturateurs solidaires l'un de l'autre.

En ouvrant l'obturateur supérieur, la fusée, plus légère que l'eau grâce à son volume, monte à la surface, et son mouvement d'ascension est encore augmenté par l'action de deux ailettes ; lorsqu'elle atteint la surface, les ailettes dépassent l'eau et, se rabattant par leur propre poids, déclanchent le percuteur.

Un petit tuyau évacue l'eau introduite dans le tube J et la conduit aux réservoirs inférieurs, E, E'.

S'il est utile de remonter très rapidement, ou en cas d'accident survenu à la pompe B' ; l'équipage dispose d'un poids de sûreté égal comme pesanteur au poids du volume d'eau nécessaire à l'immersion complète du bateau à une profondeur déterminée.

Ce poids est fixé en dessous du bateau par une tige en acier K, terminée par un écrou encastré dans sa masse.

La tige pénètre dans l'intérieur et est assurée par un écrou goupille.

En cas de besoin, on tourne la vis au moyen de son écrou goupillé formant clef.

L'écrou encastré dans le poids de sûreté L ne peut pas tourner, et le poids se détache en laissant la coque libre de remonter à la surface.

La torpille est installée à l'arrière de la coque ; un déclic manœuvrable de l'intérieur du bateau la maintient en position. Le fil transmetteur s'enroule sur un tambour extérieur, et est relié au commutateur placé sous la main de l'officier.

Le volume de la torpille varie suivant qu'elle doit s'élever à la surface de l'eau ou descendre au fond.

A l'avant, un sécateur qui peut, au moyen d'un levier T sortir du bateau sur une longueur de 3 mètres, permet de couper les fils des torpilles de défense ; il est éclairé par une lampe à incandescence O, celle-ci sert également, en connexion avec la mire M à assurer la direction du bateau.

D'après des expériences faites à la station des torpilleurs de Newport, aux Etats-Unis, sur la meilleure manière d'éclairer l'eau sous un bateau ou devant son voisinage immédiat, on a trouvé qu'on pouvait obtenir une très bonne lumière en plongeant une lampe à incandescence dans l'eau.

Les lampes étaient de 100 bougies hermétiquement fermées et montées sur des perches de 5 à 6 mètres qu'on baissait dans l'eau, à côté du navire.

L'eau est ainsi éclairée dans un rayon de 50 mètres sans que la lumière soit visible à une très grande distance.

Du reste on pouvait atténuer l'éclat vif de la lampe sans perdre trop de lumière en trempant la lampe à incandescence dans un bain de collodion photographique.

D'après les diverses expériences faites, le verre opale absorbe de 40 à 60 % de la lumière qui le traverse, le verre dépoli de 25 à 35 % tandis que d'après le procédé ci-dessus la lumière ne perd que 10 %.

Les appareils d'embrayage sont tous d'un type nouveau imaginé par M. Goubet et ayant pour objet d'effectuer la mise en marche ou l'arrêt sans poussées sur les arbres.

Ce type d'embrayage est représenté dans la figure n° 4. Il est constitué par un cône A claveté sur l'arbre, mais pouvant coulisser, et par une boîte conique B, folle sur le même arbre et servant à la transmission.

Une bague écrou C, vissée sur une seconde bague D qui est elle-même solidement fixée sur l'arbre, sert de butée à un ressort qui pousse le cône A.

Les clavettes du cône sont terminées par des talons P, P', qui s'encastrent dans la partie où son diamètre est le plus faible.

Elles traversent la bague D, et sont actionnées par le manchon E, où des talons analogues aux premiers viennent se loger.

Les cliquets O et O' dépendent du manchon E, et traversant le collier N, s'enclanchent lorsqu'on pousse le levier K sur la bague H, qui fait corps avec l'arbre.

Pour mettre en marche on pousse le levier K ; les cliquets se dégagent sous la pression du levier complémentaire R qui actionne le collier N, et par lui les talons S, S' des cliquets.

Ceux-ci dégagés, le cône A vient se mettre en contact avec la boîte B, et on modère l'embrayage au moyen du levier K. La manœuvre inverse produit le débrayage, et ces opérations s'effectuent sans poussée sur les arbres, puisque c'est sur eux qu'on prend le point d'appui pour la compression des ressorts.

L'air nécessaire à la respiration de l'équipage est fourni par des réservoirs à air comprimé. Il suffit de 50 litres à la pression de 50 atmosphères pour fournir, pendant 8 heures, à la pression atmosphérique, les 800 litres à l'heure absorbés en moyenne par les deux hommes enfermés dans le bateau.

Les produits de la respiration sont évacués par la pompe G.

L'alimentation se fait en ouvrant un robinet commandé par une vis sans fin, qui permet de suivre exactement les indications du manomètre, de manière à maintenir la pression intérieure à 1 atmosphère.

L'air passe d'abord dans les réservoirs E, E' d'eau par un tuyau spécial, afin de se saturer d'humidité, et se répand dans l'intérieur du dôme par un autre tuyau.

Les manœuvres d'évolutions se font comme nous l'avons dit, au moyen du volant M qui commande le déplacement de l'hélice mobile, et du levier W de changement de marche ou d'arrêt.

Quand on veut aller poser une torpille sous un navire, le matelot met le bateau en marche à la ligne de flotaison, comme nous l'indique la figure 1 ; l'officier prend la direction au moyen de la mire et observe l'angle qu'elle fait, avec une boussole placée devant lui. Puis il fait immerger le bateau, en ouvrant le robinet P jusqu'à la profondeur convenable indiquée par un manomètre à mercure, l'établit dans cette position, par la fermeture du même robinet, et se dirige sur le but à atteindre en se guidant par les indications de la boussole.

Arrivé sous le navire, qu'il peut apercevoir par le regard supérieur du dôme H, l'officier commande l'évolution jugée convenable comme distance verticale par rapport au bâtiment, ce qui s'opère au moyen du levier R d'embrayage de la pompe à eau B.

Puis il fait lâcher la torpille qui, montant vers la surface, vient se fixer sous le navire par sa force ascensionnelle, et par les griffes en couronne qu'elle porte à sa partie supérieure.

Le bateau fait ensuite machine en arrière ; le fil enroulé sur le tambour se déroule et indique en même temps la distance parcourue.

Lorsqu'il la juge suffisante, l'officier détermine l'explosion de la torpille au moyen d'un commutateur.

La manœuvre est à peu près analogue quand il s'agit de placer une torpille contre un mur fortifié, mais alors son volume est assez réduit pour qu'elle tombe au fond de l'eau.

Après l'explosion, le bateau sous-marin remonte à la surface en vidant les réservoirs d'eau et regagne le vaisseau auquel il est attaché.

La pose d'une torpille contre un mur fortifié ne paraît pas offrir de grandes difficultés avec un équipage exercé ; mais il en est autrement pour la fixation sous un navire.

Le choix du moment où il conviendra de laisser monter l'engin destructeur est fort délicat mêmelorsqu'on aura affaire à un bâtiment au mouillage, car il faudra opérer sur une partie assez plate de sa coque, pour obtenir une application suffisamment solide.

Cette condition est en effet rigoureusement nécessaire pour tirer d'une torpille l'effet qu'elle est destinée à produire ; si elle ne fait pas explosion en contact avec le navire, sa puissance est singulièrement diminuée, et, comme l'a rappelé M. Châlon, les expériences faites pendant ces dernières années par les diverses marines, prouvent qu'il suffit d'une distance de 0m 30 à 0m 40 entre l'engin et la paroi, pour en rendre l'explosion pour ainsi dire sans danger.

Stabilité du bateau sous-marin. — Cette question, qui constitue l'un des problèmes les plus délicats de la navigation sous-marine, a été résolue d'une manière pratique par M. Goubet.

Le système adopté est automoteur, et son fonctionnement est indiqué par les figures 5 et 6, représentant un appareil de démonstration. Il se compose d'une enveloppe centrale A, et de deux tuyaux B, B', faisant corps avec elle et terminés chacun par une sphère creuse C, C', de deux litres de capacité.

Chaque sphère est équidistante de l'enveloppe A, et l'ensemble, soutenu par une corde, demeure en équilibre parfait.

Une pompe à double effet E, disposée dans l'enveloppe, communiqué par des tuyaux D, D', avec l'intérieur des sphères, et peut-être mise en mouvement par deux engrenages.

Ceux-ci communiquent entre eux par une roue intermédiaire qui change le sens de rotation de la pompe, suivant qu'un manchon d'embrayage F, placé entre les roues de commande, vient en contact avec l'une ou avec l'autre.

Un levier I, fixé à la partie supérieure de l'enveloppe et terminé par une lentille, commande le manchon F, qui est actionné par un moteur quelconque et est retenu par un arrêt fixé à l'enveloppe centrale.

Les sphères sont à moitié remplies d'eau, et contiennent chacune un litre de liquide.

Si on ajoute au crochet de l'une d'elles un poids de 1 kilogramme, l'appareil s'incline du côté où ce poids est placé ; mais l'engrenage, du côté où l'appareil penche, vient s'embrayer avec le manchon.

Celui-ci, dégagé de son arrêt, et maintenu au même point par la lentille H, met en mouvement la pompe qui aspire dans la sphère abaissée et refoule dans l'autre.

Aussitôt qu'un demi centimètre cube d'eau aura ainsi été déplacé, l'équilibre sera rétabli.

On obtiendra l'effet inverse en enlevant le poids additionnel de 1 kilogramme.

Dans la pratique, M. Goubet a conservé la lentille qu'on voit sur la planche 1, en Z, elle actionne par une tige à deux doigts, des taquets fixés sur un manchon qui coulisse sur l'arbre moteur.

Les engrenages mettent en mouvement une pompe à double effet, qui est en communication avec les réservoirs d'eau F, F', d'égale capacité, et situés symétriquement l'un à l'avant, l'autre à l'arrière du bateau.

En outre, le bateau sous-marin le *Goubet*, possède un appareil de vision ; il se compose d'un tube partant de l'intérieur, traversant la coque à frottement dur et allant aboutir à la surface.

Un prisme placé à chaque extrémité du tube renvoie par deux réflexions totales successives la vision directe des objets extérieurs à l'œil de l'observateur placé dans le sous-marin.

Le tube est à coulisse et peut sortir ou rentrer de 1 mètre environ, suivant la profondeur de l'immersion ; enfin, sa partie supérieure tourne dans le sens de son axe au moyen d'un mécanisme manœuvré de l'intérieur, et réfléchit chaque point de l'horizon sans que l'observateur ait à bouger de place.

Dans les bateaux sous-marins fournis à la Russie, un poids intérieur situé au centre du bateau est déplacé au moyen d'une vis commandée par un volant ; mais ce travail n'est pas assez rapide et les résultats sont loin d'être aussi parfaits qu'avec l'appareil de stabilité que nous venons de décrire plus haut.

JOINT GOUBET

(Planche 2 *bis*. Fig. 1.)

Ce joint est une disposition du double joint de Hooke ; il a pour but de transmettre rigoureusement le mouvement d'un arbre à un autre incliné sur lui dans n'importe quel sens et sous n'importe quel angle.

Il se compose de deux sphères D, D', assez voisines l'une de l'autre et fixées à l'extrémité de chaque arbre.

Chacune d'elle est creusée par une gorge passant par l'axe de l'arbre ; dans ces gorges viennent se placer des colliers reliés par un manchon enveloppe au moyen de quatre tourillons E diamétralement opposés.

Si un des arbres est mis en mouvement, la face de la gorge de la sphère montée sur cet arbre, appuiera sur les faces des deux tourillons engagés dans cette gorge et fera tourner ces tourillons ; le collier qui les porte et par suite le manchon, l'autre collier fixé aussi à ce manchon appuiera par ses tourillons sur les faces de la rainure pratiquée dans la sphère montée sur le deuxième arbre et lui communiquera son mouvement ainsi qu'à l'arbre.

Le mouvement peut-être donné indifféremment par l'un des deux arbres dans un sens ou dans l'autre ; il est aisé de voir que les colliers se comportent dans leurs rainures comme le ferait un coulisseau sur une glissière.

Le mouvement régulier est prouvé en ce que si l'on considère un point de contact entre la face de la rainure et le collier, on remarque que le point change pour ainsi dire de latitude en passant sur des circonférences dont les rayons varient d'un instant du mouvement à l'autre, il en résulte donc une variation de vitesse qui se transmet à l'enveloppe, variation qui subsisterait si cette enveloppe était l'arbre récepteur lui-même.

Mais par suite de la symétrie de position des colliers, dûe au système double, l'accélération imprimée par l'arbre transmetteur est corrigée d'une quantité égale par une diminution correspondante dans la vitesse à l'arbre récepteur de sorte que ce dernier tourne dans la même condition de vitesse que s'il était le propre prolongement invariable du premier arbre d'autant plus qu'il ne se produit aucun mouvement transversal ni aucune poussée latérale contre les coussinets.

Expériences publiques du "Goubet"

1889-1890

Le numéro 83 de la *Marine Française* (4 mai 90) nous donne un compte-rendu des expériences du *Goubet* à Cherbourg. Nous le donnons *in-extenso* :

Le 30 janvier, le *Goubet* quittait l'arsenal de Cherbourg pour entrer dans le port de commerce, la mer était mauvaise en rade; cependant le petit navire, qui n'était pas encore muni de son appareil optique put évoluer en mer en toute sûreté, puis, donnant dans la passe du port, venir se présenter devant l'écluse du bassin à flot.

Parti de son mouillage complètement immergé, signalé simplement à la surface par une perche qui permettait d'en suivre les mouvements, le *Goubet* exécutait, pendant plusieurs heures, une série d'évolutions autour des bouées du bassin ou des bateaux mouillés à cet effet. Rien, à la surface du bassin, n'eût pu déceler sa présence; la marche du navire ne laissait ni sillage ni remous; il contournait les bouées à les toucher avec une précision absolue.

Enfin, le 31 mars, nous pûmes assister à des expériences plus concluantes encore. M. Goubet entreprenait de démontrer que la stabilité de son bâtiment et sa facilité de manœuvrer étaient telles qu'il pouvait venir couper sous l'eau des fils de cuivre représentant des fils de torpilles.

Un navire, quelqu'il soit, pour pouvoir se diriger, gouverner, doit marcher; aussitôt que son erre est cassée, qu'il est immobile, il ne gouverne plus. Un navire ordinaire, pour couper un fil perpendiculaire à la surface de l'eau, devrait donc arriver avec une certaine vitesse et, quoique toutes les autres circonstances lui soient éminemment favorables, il manquerait fatalement son opération neuf fois sur dix en eau calme, ne la réussirait jamais avec le plus léger clapotis. La raison est que le bâtiment qui flotte à la surface est instable.

Le *Goubet*, au contraire, est toujours en équilibre; le plus léger mouvement d'aviron suffit à lui donner une vitesse insensible, vitesse suffisante cependant pour qu'il puisse gouverner; il peut ainsi arriver à portée du fil à couper et exécuter son opération en toute sûreté aussi bien qu'en toute sécurité

C'est ainsi que, le 31 mars, le navire, après avoir évolué autour de bouées et de canots, coupait d'abord le fil qui retenait horizontalement une perche qui se redressait aussitôt, puis des fils qui retenaient au fond du bassin des bouées qui y avaient été mouillées sous les yeux du public : les bouées venaient librement flotter à la surface, témoignant de la réussite de l'opération.

Ces diverses expériences démontrent d'une façon victorieuse que le *Goubet* peut se diriger avec une précision absolue, qu'il peut venir se coller au flanc d'un navire sans que sa présence puisse être constatée.

La manœuvre du sécateur, le transport et le placement de la torpille, ne sont pas les seules opérations que puisse accomplir le *Goubet*. Il possède un autre moyen d'immobiliser un autre navire sans le couler ; on comprend que la chose puisse avoir son intérêt. Ce moyen, c'est l'embrayage de l'hélice du bâtiment ennemi.

A cet effet, à l'avant du sous-marin se place une chaîne d'une certaine longueur, munie à chaque extrémité d'une bouée.

Lorsque cette chaîne est déclanchée, l'office des deux bouées est de la faire remonter à la surface. Si ce déclanchement s'opère sous l'hélice de telle sorte que les bouées soient chacune d'un côté de la cage, la chaîne reste maintenue sous la quille; dès que le navire tente de se mettre en marche, la chaîne s'embraye dans les branches de l'hélice et bientôt paralyse les mouvements de celle-ci.

Nombreux sont donc les services que le *Goubet* peut rendre en dehors de son rôle de porte-torpille.

Nous n'avons insisté sur les expériences qui précèdent que parce qu'elles représentent la démonstration complète des qualités qu'on ne peut retrouver à un semblable degré dans aucun autre bâtiment, sous-marin ou non : stabilité parfaite dans toutes les positions, direction assurée dans toutes les allures, aux grandes comme aux petites vitesses.

Le 13 avril 1890, de nouvelles expériences eurent lieu à Cherbourg, en présence d'un rédacteur du *Génie Civil*.

Voici, emprunté au journal technique, le récit suivant :

Deux séries d'expériences ont été faites le même jour ; le matin, en présence d'officiers, de quelques représentants de la presse parisienne et des rédacteurs des journaux de Cherbourg; l'après-midi, publiquement et devant environ un millier de personnes, parmi lesquelles on remarquait de nombreux officiers de marine de tous les grades, l'amiral Réveillère, M. Cabart-Danneville, député de Cherbourg, M. le Sous-Préfet, M. le procureur de la République, etc., etc.

Premières expériences. — Les expériences ont commencé vers dix heures, dans le fond du bassin du commerce, et ont été exécutées dans une eau assez limpide.

Un petit radeau mesurant 5 mètres sur 3m.50, et mouillé au milieu du bassin, sert de port d'attache au *Goubet*. Les assistants montent à bord de cinq torpilleurs rangés côte à côte et mouillés à quelques mètres de là, tandis que les deux hommes composant l'équipage du *Goubet* entrent dans leur bateau.

Bientôt, les amarres étant détachées, on voit le *Goubet* s'éloigner du radeau, et, tout en s'enfonçant avec une lenteur extrême, évoluer en divers sens.

Le torpilleur sous-marin, en ce moment, manœuvre uniquement à l'aide

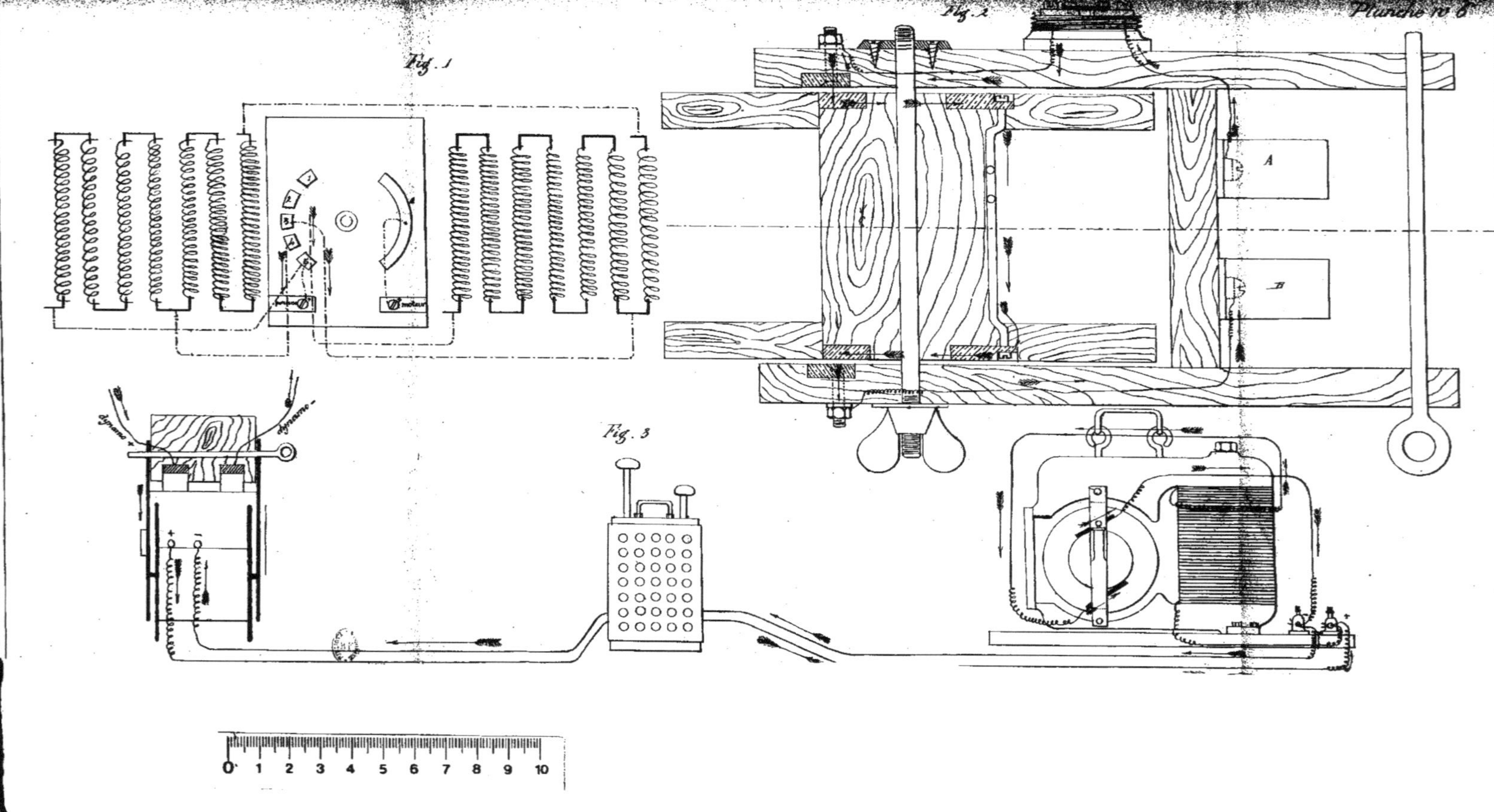
Planche no 8
Fig. 1
Fig. 2
Fig. 3
moteur
dynamo +
dynamo -
A
B
0 1 2 3 4 5 6 7 8 9 10

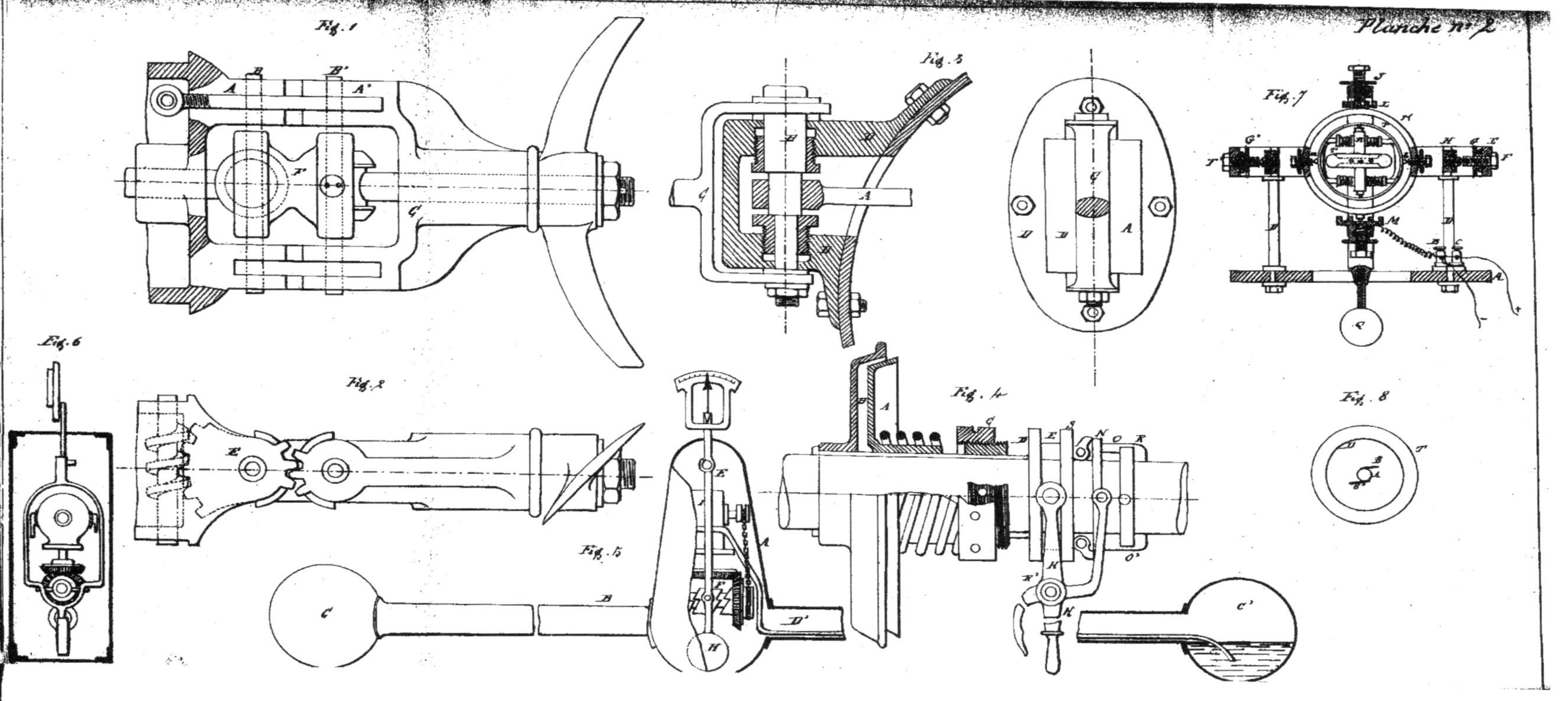
Planche n° 2
Fig. 1
Fig. 2
Fig. 3
Fig. 4
Fig. 5
Fig. 6
Fig. 7
Fig. 8

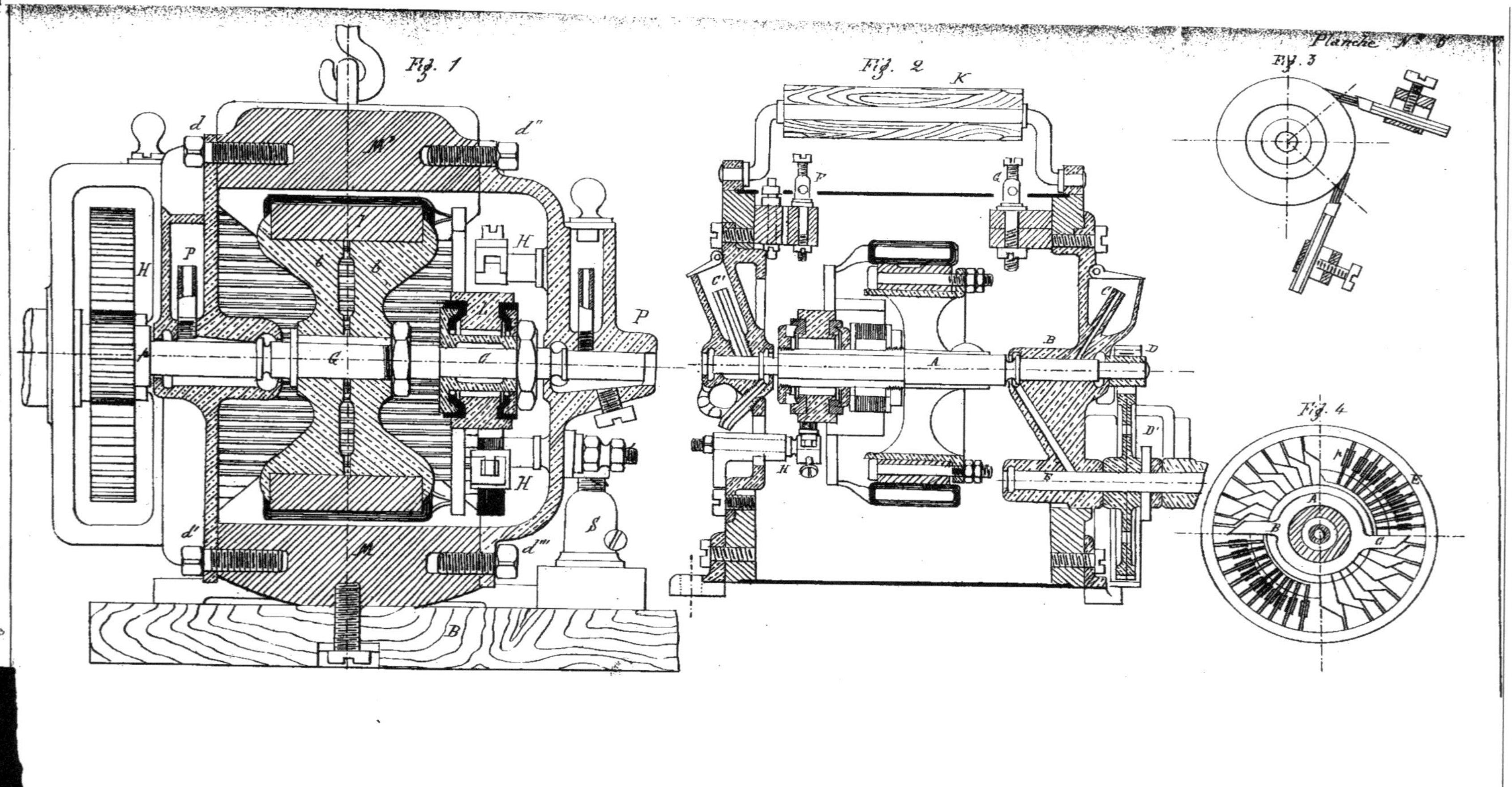
Planche
Fig. 1
Fig. 2
Fig. 3
Fig. 4

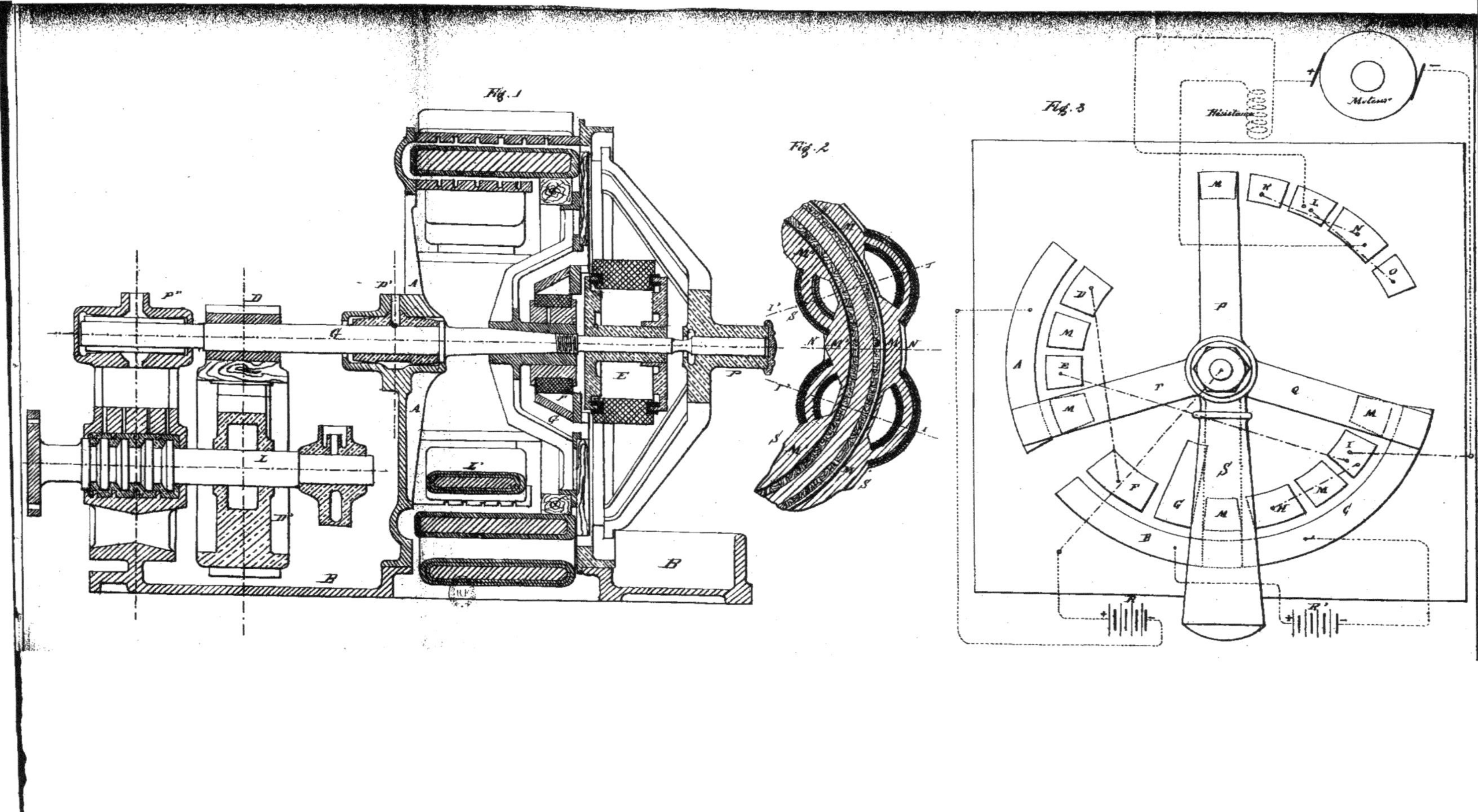
Fig. 1
Fig. 2
Fig. 3
Résistance
Moteur

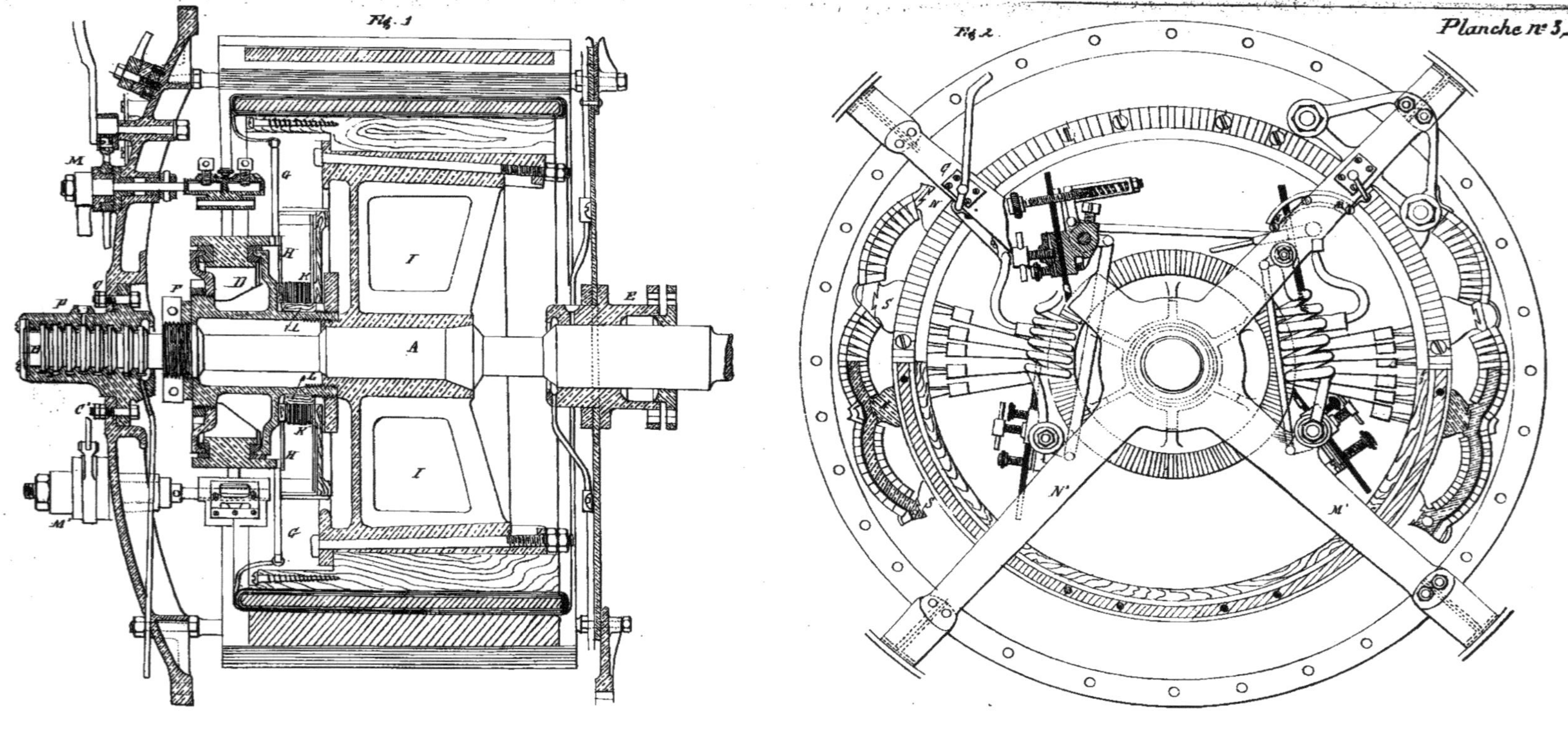
Fig. 1
Fig. 2
Planche N° 3.

Planche n° 2 bis

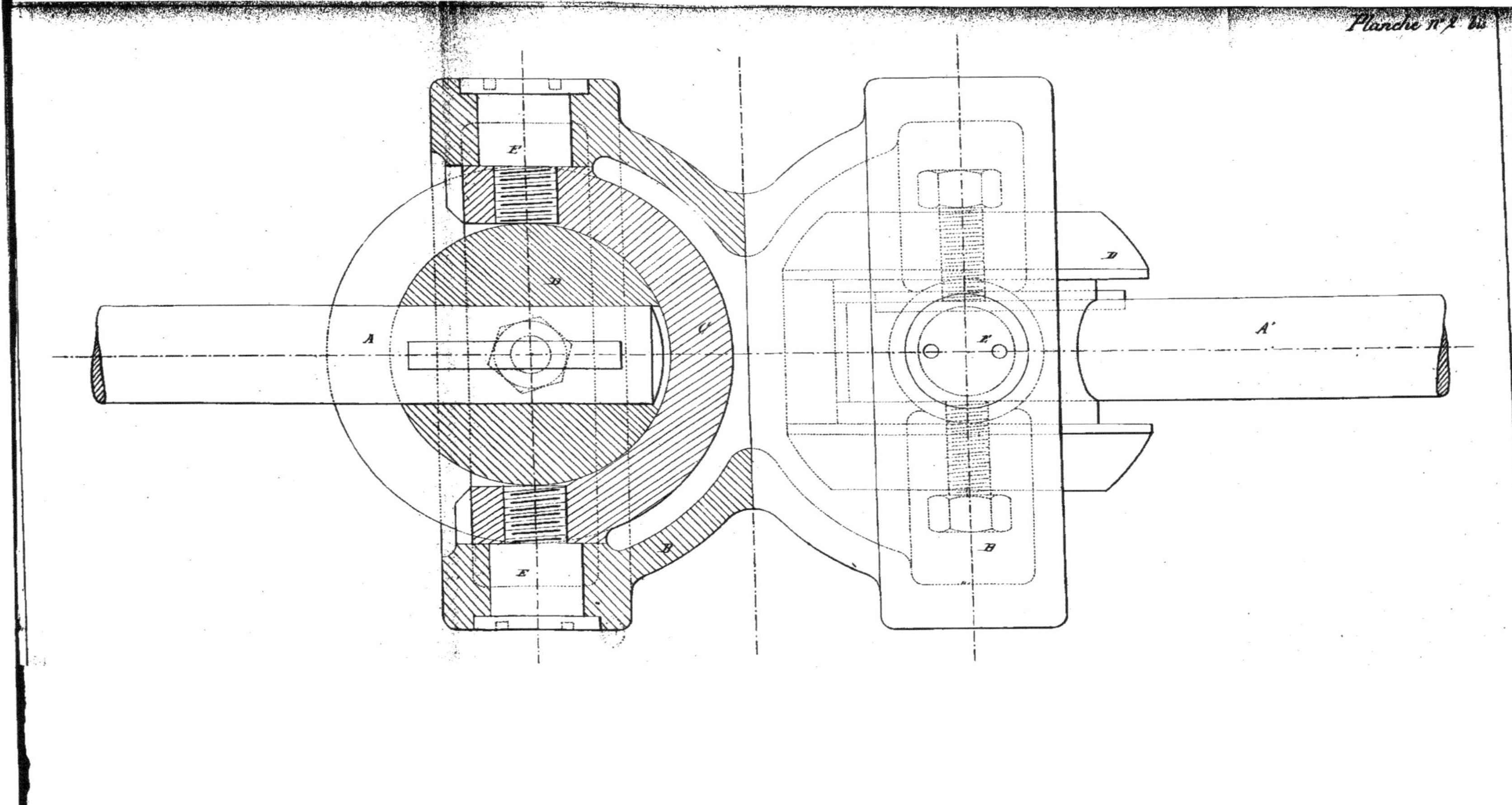

de ses deux paires de rames, dorsale et abdominale, dont le fonctionnement est comparable aux nageoires d'un poisson, D'ailleurs, provisoirement, le *Goubet* a dû retirer son hélice, un ordre administratif lui ayant interdit d'en user dans le bassin du commerce.

Quoiqu'il en soit, après avoir effectué quelques évolutions en différents sens et à des profondeurs variables, le *Goubet* vient se placer, étant au ras de l'eau, à moins de 1 mètre de la rangée des torpilleurs et perpendiculairement à leur axe.

En cet endroit, la profondeur est de 6 mètres d'eau. Les torpilleurs calant environ 1 m.50, il reste au-dessous une hauteur de 4m.50. Sans avancer d'une ligne, le *Goubet* s'immerge alors lentement jusqu'au moment où il a atteint la profondeur nécessaire pour pouvoir passer librement sous les bateaux au mouillage, c'est-à-dire jusqu'à environ 3 mètres de la surface du bassin; alors évitant les chaînes des ancres retenant les torpilleurs, il franchit assez vivement les 15 mètres qu'occupent les cinq bateaux rangés bord à bord et, son passage accompli, remonte doucement.

Il effectue ensuite un virage complet dans un espace moindre que sa longueur, c'est-à-dire moindre que 5 mètres, et, obliquant légèrement en se tenant immergé jusqu'au ras de l'eau, il vient passer entre la chaîne d'amarre de l'un des torpilleurs et l'avant de ce bâtiment, c'est-à-dire dans un espace à peine large de quelques mètres ; puis, changeant une nouvelle fois de direction, il vient border doucement le steamer anglais *Saint-Margaret*, comme s'il eût dû déposer une torpille le long de ses flancs' et enfin il s'éloigne et regagne son port d'attache.

L'immersion totale du bateau a été d'environ 45 minutes.

Deuxième série d'expériences. — Les autres expériences ont encore eu lieu dans le bassin du commerce, mais à une petite distance de l'endroit où avaient été faites les premières, vis-à-vis de l'hôtel de l'Amirauté.

Le radeau, remorqué au milieu du bassin, était fixé par quatre ancres. Sur sa face regardant le quai Ouest du bassin, une hélice fut mouillée étant entièrement libre.

Sur le côté du radeau dirigé vers la mer, une perche mobile surmontée d'un drapeau, et qu'un système de contre-poids tendait à maintenir dressée, fut abaissée dans l'eau et maintenue dans cette position au moyen d'un lest attaché par un fil.

Enfin, de distance en distance, dans le bassin, environ à 50 mètres les unes des autres, plusieurs bouées témoins furent immergées par le même procédé.

La position de certaines de ces bouées était indiquée par de petits drapeaux qui venaient affleurer à la surface; d'autres, au contraire, étaient entièrement enfoncées au-dessous de la surface.

Cette fois, à la suite de la marée, l'eau, limpide le matin, était devenue trouble et noirâtre.

Cependant, les choses étant ainsi disposées, le *Goubet*, qui était dans le fond du bassin, arrive, signalant uniquement sa présence aux spectateurs par l'extrémité de son tube optique que l'on voyait émerger de temps à autre.

Tout d'abord, contournant le radeau, le torpilleur coupe avec son sécateur le fil, maintenant abaissée la perche mobile, que l'on voit brusquement se dresser.

Puis, continuant sa route, il vient au-devant du radeau où il dépose entre les bras de l'hélice une tige de fer ; il passe ensuite – évitant sans peine les chaînes d'amarrage, malgré leur rapprochement — sous le radeau, où il abandonne une fausse torpille de 102 kilogrammes, et, quittant enfin le radeau, il s'en va à la recherche des petites torpilles dont il doit couper les fils.

Successivement, le *Goubet* se diririge vers chacune d'elles, cherchant si bien leurs fils d'attache qu'il retourne au besoin sur ses pas et recommence son opération s'il n'a pas réussi au premier abord, les sectionne avec son sécateur et les bouées, devenues libres, s'en vont à la dérive.

Certaines bouées ont ainsi été mises en liberté, le bateau étant en marche.

Au cours de ces évolutions, des boules de verre pouvant servir à renfermer des dépêches ont été envoyées de l'intérieur du torpilleur sous-marin.

Après 2 h. 1/2 d'évolutions diverses, la dernière des bouées ayant été délivrée de ses attaches, le *Goubet* est enfin remonté à la surface ; son capot a été ouvert et ses deux hommes d'équipage se sont montrés, aussi dispos qu'avant l'expérience.

C'est à cet instant qu'a eu lieu le relèvement de l'hélice immergée, comme nous l'avons dit, dès le début des évolutions sous l'eau.

A son émersion, chacun a pu voir se dresser entre ses branches la barre de fer déposée par le bateau le *Goubet*, et, pour bien montrer combien l'entravement était complet, un homme monta sur l'une des palettes et demeura assis, immobile, sans que son poids fit bouger en aucune manière cette hélice, que l'on avait vue, avant son immersion, tourner autour de son axe sous une simple pression de la main.

Telles sont, minutieusement notées, les diverses expériences que le bateau a exécutées, sous les yeux de la population de Cherbourg.

Sur la planche n° 1, fig. 2, nous reproduisons le tracé du chemin parcouru sous l'eau par le *Goubet* durant les expériences du 13 avril 1890.

Légende du tracé. —

A A A — Le *Goubet* à différentes profondeurs.
A' — Le *Goubet* stationne devant les torpilleurs.
B — Torpilleurs mouillés.
C — Radeau immobilisé par des ancres.
D — Bouées d'amarrage
E — Perche mobile.
F — Hélice
G — Petites bouées.
H — Portes ouvertes du bassin communiquant avec la mer.

Le double pointillé indique le passage sous les cinq torpilleurs et sous le radeau.

Planche n° 1.

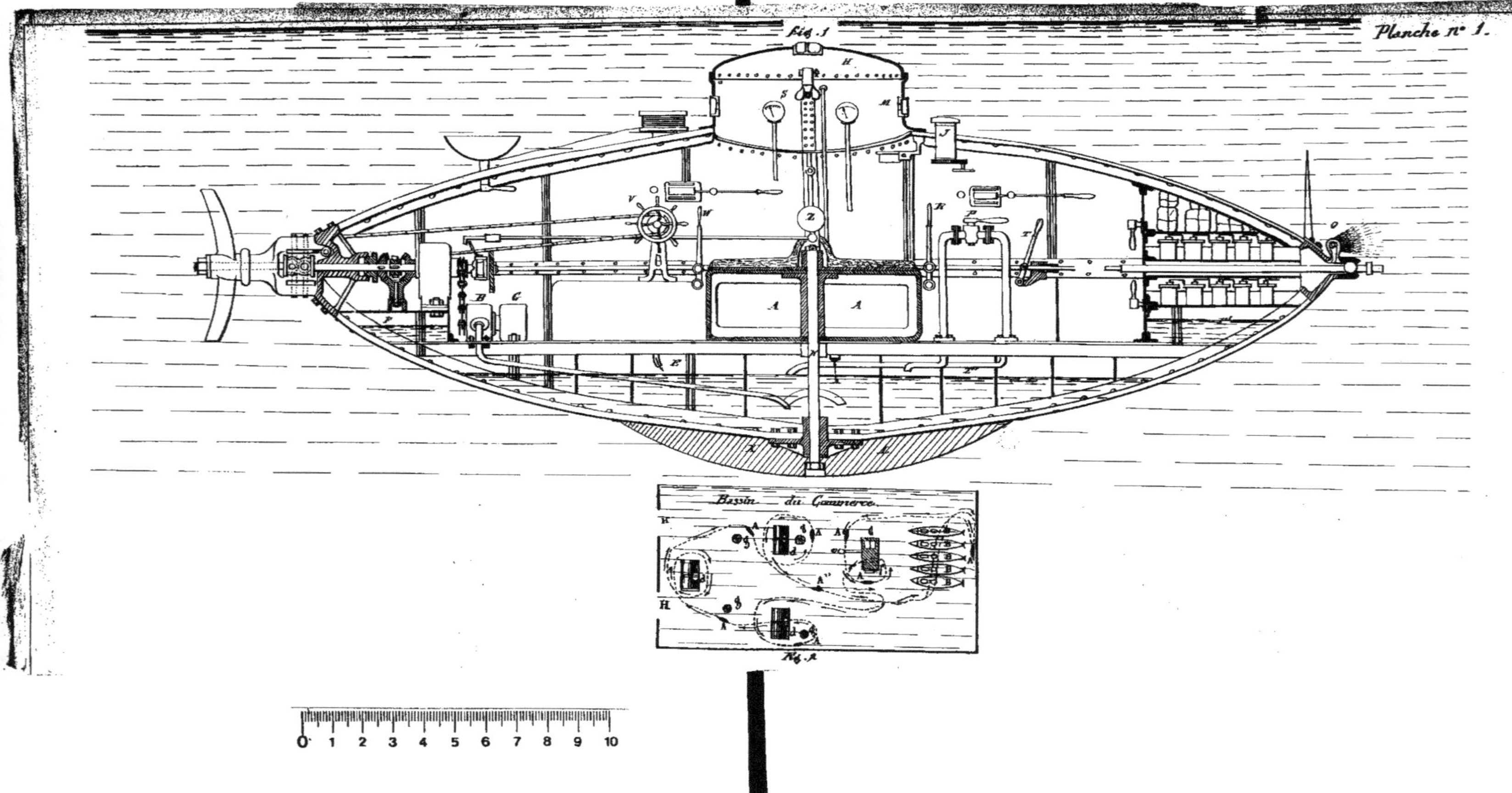

GYROSCOPE ÉLECTRIQUE

Cet appareil, comme nous l'avons dit, sert à la navigation sous-marine.

Il est basé sur le principe du gyroscope électrique de la démonstration du mouvement de la terre.

Ce gyroscope, le premier en date, a été imaginé dès 1865, par M. Trouvé, et réalisé par lui à l'instigation de M. Foucault.

Il se compose d'un tore électro-moteur, mobile autour d'un axe d'acier à pointes de rubis perpendiculaires à son plan, qui occupe le milieu d'une cage formée par une armature en fer et un anneau en cuivre, sur lequel il pivote ; cage et tore sont suspendus à une potence par un fil inextensible, au centre d'un anneau portant les degrés du cercle.

Le tore est composé intérieurement de l'électro-moteur ou pignon électro-magnétique à huit branches, qui agit sur l'armature en fer en forme de limaçon.

Pour donner à ce tore une apparence lisse et métallique, M. Trouvé noie le pignon, muni de son axe et de son commutateur dans un ciment spécial ; le porte au tour pour lui donner la forme d'un tore évidé au centre et l'équilibre d'une façon parfaite.

Puis, après l'avoir plongé dans un bain de cuivre pendant plusieurs jours, jusqu'à ce que le dépôt du métal ait atteint une épaisseur de quelques millimètres, il le tourne de nouveau et l'équilibre.

Ce tore tourne avec une vitesse de 300 à 400 tours par seconde.

Une aiguille indicatrice, faisant partie du système suspendu et immobile, permet d'apprécier chaque degré de déplacement du cercle, qui participe au mouvement de la terre.

Quant au courant électrique, il est amené au tore électro-moteur par deux petites aiguilles de platine isolées entre elles, et plongeant dans le mercure contenu dans deux petites cuves en ébonite circulaires, concentriques et indépendantes, reliées aux deux pôles du générateur d'électricité.

Dans ces conditions, le gyroscope électrique peut-être mis en expérience pendant un temps très long, indéterminé, et plus que suffisant pour qu'un observateur s'aperçoive d'une révolution entière des objets voisins autour de l'instrument.

Cette révolution serait de 24 heures aux pôles.

Voici, d'après le dictionnaire des Mathématiques Appliquées de M. Sonnet. les expériences fondamentales que l'on a exécutées avec cet appareil :

M. Quet a démontré, par l'analyse, que lorsqu'un corps est animé d'un mouvement de rotation autour d'un axe dont un point est entrainé dans le mouvement diurne du globe, la direction de l'axe de rotation demeure invariable dans l'espace absolu ; de telle sorte que, pour un observateur emporté à son insu dans la rotation diurne, cet axe paraîtrait se mouvoir uniformément autour de l'axe du globe, en sens contraire du mouvement réel de la terre.

Le gyroscope permet de vérifier exactement cette loi, que M. Foucault avait annoncée et formulée.

Le gyroscope étant en marche et complètement libre, on voit l'axe du tore se mouvoir comme une lunette constamment pointée sur une étoile très voisine de l'horizon.

Le mouvement en azimut demeure sensiblement constant pendant la durée de l'expérience, quel que soit l'azimut initial, et égal au mouvement diurne estimé en sens contraire et multiplié par le sinus de la latitude du lieu de l'observation.

Les choses se passent comme si la terre tournait autour de la verticale, du lieu, pendant que cette verticale tournerait autour d'une parallèle à la méridienne.

C'est la première de ces deux composantes, prise en sens contraire, qui produit l'apparence du mouvement en azimut.

L'axe du tore est contraint à demeurer horizontal, et ne peut plus tourner que dans son plan horizontal par suite du mouvement en azimut de l'anneau cercle K, représenté sur la planche 2 fig 7.

M Foucault. dans ses expériences place l'axe du tore de façon à ce qu'il soit dirrigé à peu près de l'Est à l'Ouest, l'axe de rotation, entendu d'après les conventions adoptées, étant pointé à l'Ouest ; c'est-à-dire qu'un observateur placé à l'Est de l'appareil et regardant vers l'ouest, verrait le tore tourner dans le sens des aiguilles d'une montre.

Le cercle K étant libre de se mouvoir on le verra tourner autour de la verticale jusqu'à ce que l'axe de révolution du tore viennent se placer dans le plan du méridien en pointant vers le Nord.

Il dépasse un peu cette position, mais il y revient pour la dépasser en sens contraire.

En somme, il oscille autour de cette position et finit par s'y fixer.

Par conséquent l'axe du tore tend à se placer dans le méridien de manière que la rotation soit de même sens que celle du globe.

Cette tendance est due à la rotation du globe.

Mais elle n'est pas produite par la composante de cette rotation autour de la verticale comme on peut le croire.

Parce que s'il en était ainsi, il faudrait que l'axe de rotation, ou la direction de la résultante, puisse venir se placer dans l'angle formé par l'axe du tore et par la verticale. ce qui est absolument impossible, puisque cet axe est contraint de faire un angle droit avec la verticale.

C'est au contraire la rotation composante autour de la méridienne qui produit l'effet observé.

De ce fait, l'axe du tore ne devient stable que si cet axe est dirigé vers le Nord; car, dans ce cas, le sens de rotation est le même que celui du globe.

M. Foucault a formulé le résultat général de cette expérience dans ce qui suit :

« Tout corps tournant autour d'un axe libre de se diriger sans sortir du » plan horizontal. fournit un nouveau signe de la rotation de la terre ; car » cette rotation développe une force directrice qui sollicite l'axe du corps vers » le méridien, et dispose ce corps pour tourner dans le même sens que le globe. » Par conséquent sans le secours d'aucune observation astronomique, la rota- » tion d'un corps à la surface de la terre suffit à indiquer le plan du méri- » dien. »

Dans une autre expérience faite par M. Foucault il démontra un autre phénomène important.

Le plan du méridien étant connu, le tore étant placé entre le cercle K rendu immobile de façon à rester dans le même plan vertical.

L'expérimenteur place l'axe du tore horizontalement, de manière que l'axe de sa rotation pointe vers le Nord.

L'appareil étant abandonné à lui-même. on voit son axe s'incliner peu à peu jusqu'à ce qu'il devienne parallèle à l'axe du globe, l'axe de rotation pointant toujours vers le Nord, pour un observateur placé au Sud de l'appareil ; c'est-à-dire que la rotation du tore est de même sens que celle du globe.

Ce phénomène s'explique par la rotation du globe, en se composant avec celle du tore, rapproche la direction de la rotation résultante, de la direction de la ligne des pôles.

Comme nous avons déjà vu, l'axe du tore dépasse cette position, pour y revenir par des oscillations successives et son axe vient se placer dans une position parallèle à l'axe du globe ; la rotation se faisant naturellement dans le même sens que celle de la terre, sans cette condition l'équilibre serait instable.

De cette expérience M. Foucault en a retiré un deuxième principe qui est celui-ci :

« Tout corps tournant autour d'un axe libre de se diriger sans sortir du » méridien jouit de la propriété de s'orienter parallèlement à l'axe du monde, » et de manière à tourner dans le même sens que la terre.

» Par conséquent, on peut dire que la rotation d'un corps à la surface de » la terre suffit à faire connaître la latitude du lieu, le méridien étant » connu. »

L'axe du monde est une droite autour de laquelle s'exécute le mouvement de rotation de la terre. Cet axe est en réalité mobile dans l'espace,

En somme, le gyroscope n'est qu'un perfectionnement de l'appareil de

Bohnenberger qui sert à produire un mouvement analogue à celui auquel est due la précession des équinoxes.

On appelle précession des équinoxes, le mouvement lent de celles-ci sur l'écliptique, en sens inverse du mouvement réel de la terre, ou du mouvement apparent du soleil.

D'après la mécanique céleste de La Place ce mouvement est dû à l'action du soleil sur le renflement équatorial du globe terrestre ; l'axe de la terre tourne d'un mouvement lent, uniforme et rétrograde autour de l'axe de l'écliptique ; il en résulte que l'équateur, tout en continuant à faire le même angle avec l'écliptique, coupe celui-ci suivant une droite qui tourne elle-même lentement, uniformément, et dans le sens rétrograde, autour de l'axe écliptique ; les extrémitées de cette intersection sont les équinoxes.

La précession a été découverte par Hippargue vers la fin du IIme siècle.

Ce phénomème a plusieurs conséquences, de déplacer le pôle de l'équateur autour du pôle de l'écliptique, ce qui fait varier les distances polaires des étoiles. Ainsi l'étoile polaire était à 20° du pôle à l'époque des plus anciennes observations ; elle en est aujourd'hui à 1° 28'. En 2605 elle n'en sera plus qu'à 26° 30" puis elle s'en éloignera jusqu'à 46 dans l'espace de 13,000 ans, pour s'en rapprocher ensuite.

Pour donner plus de compréhension à ces quelques notes nous puiserons dans le domaine de l'astronomie les définitions qui suivent :

L'azimut est l'angle que fait avec le méridien le plan déterminé par la verticale du lieu, et par un point donné, une étoile par exemple

Dans la marine on compte les azimuts de 0 à 180° à partir du Sud et en allant vers l'Est ou l'Ouest.

Ces azimuts se mesurent avec le compas de variation.

L'écliptique est le grand cercle de la sphère céleste que le centre du soleil décrit d'Occident en Orient dans son mouvement propre apparent.

L'equinoxe est l'époque de l'année où le soleil se trouve dans le plan de l'équateur.

On donne aussi le nom d'équinoxe, aux points d'intersection de l'équateur céleste avec l'écliptique.

Ces quelques définitions étant énumérées nous parlerons du gyroscope marin.

GYROSCOPE MARIN

Le gyroscope servant à la navigation sous-marine, n'est autre que celui que nous avons précedemment décrit, mais modifié dans certaines parties qui le rendent propre à son nouvel emploi.

Un petit moteur électrique sur l'axe duquel est monté le tore donne le mouvement à ce dernier.

L'inducteur est formé par quatre masses en fer, à pôles conséquents.

L'appareil est invariable dans l'espace, et ce sont les objets qui se meuvent par rapport à lui.

Tout le système au lieu d'être suspendu à un fil inextensible, comme dans le premier, est soutenu au milieu d'une suspension à la Cardan, par un axe terminé en pointes, qui pivotent dans des crapaudines comme l'axe du tore lui-même.

La suspension à la Cardan est munie d'un pendule à tige rigide, fixé sur le prolongement de l'axe du système, et lui donne une verticalité parfaite, malgré les oscillations continuelles du bateau.

On conçoit en effet, que les faibles inclinaisons que pourrait subir l'appareil, sont d'autant plus petites que le pendule est plus long, puisqu'elles se trouvent réduites dans le rapport de la longueur du pendule au rayon du tore.

Ainsi constitué, le gyroscope n'a plus à redouter ni le tangage, ni le roulis du bateau.

L'axe de rotation du gyroscope est absolument invariable dans l'espace, et si on a eu soin de l'orienter dans une position connue, celle-ci devient une ligne de repère parfaite.

DESCRIPTION DU GYROSCOPE

(Planche n° 2, figures 7 et 8.)

Cet appareil dont la représentation est faite sur la planche n° 2, se compose d'un socle, A, rectangulaire, en fer, sur lequel sont fixées deux bornes de prise de courant B' C dont l'une C est complétement isolée de toute la masse.

Quatre pieds en fer D, D, fixés au moyen d'écrous, sur le socle, supportent à leur partie supérieure un cercle en cuivre E fixé d'une façon rigide aux pieds D, D, par des écrous.

Aux extrémités d'un même diamètre, le cercle E, est traversé par deux petits boulons F, F', dont les bouts sont creusés pour former deux crapaudines, dans les quelles viennent s'engager les pointes d'un autre cercle en cuivre H.

Ce cercle oscille autour de ces deux pointes dans un plan horizontal.

Dans un plan perpendiculaire au cercle H, pivote un troisième cercle J, autour de deux pointes identiques aux précédentes dont les crapaudines sont fixées sur le cercle H.

D'après cet agencement on voit bien que ce n'est autre qu'un joint de Cardan puisque les deux cercles peuvent osciller dans deux plans différents.

Le cercle J porte à sa partie inférieure une boule en fonte Q, qui n'a d'autre but que de lester l'appareil et de le maintenir dans une verticalité parfaite.

Ce cercle porte en outre une petite cuvette M, que l'on remplit de mercure.

Un quatième cercle K, porte une deuxième cuvette à mercure L.

Ce cercle oscille, entre le troisième J, autour de deux pointes venant s'engager dans deux crapaudines formées par les deux boulons du cercle J.

D'après cette disposition, le cercle K peut faire un tour complet autour de ses deux pivots.

Un cinquième cercle en fer supporte le tore électro-moteur.

Il oscille entre le cercle K, et sur deux pivots.

Le tore représenté en figure 8 est monté sur un arbre R, dont les extrémités forment deux collecteurs.

Deux petits balais B, B'' viennent appuyer sur chacun des collecteurs

Les inducteurs sont des masses en fer entourées de fil de cuivre.

L'induit est identique à celui des petits moteurs Siémens.

Dans la figure n° 7 nous avons représenté le tore vu en plan pour donner plus de clarté au dessin.

En marche normale le cercle P, supportant le tore électromoteur, se meut dans un plan perpendiculaire à celui du cercle K.

Le pourtour du cercle P porte un limbe de cuivre gradué en degrés où vient s'appuyer un index fixé à l'appareil et qui sert à accuser les déplacements de l'appareil.

Pour la mise en marche, on relève tout d'abord le point sur lequel on doit se diriger en amenant le bateau dans cette direction.

On met en marche le moteur électrique en faisant arriver un courant provenant d'un certain nombre d'accumulateurs aux bornes B et C.

En supposant que le pôle positif soit à la borne C, isolée de tout l'appareil ; le courant ira à la cuvette M, et de là communiquera, par une aiguille de platine plongeant dans cette cuvette, aux deux balais positifs du moteur.

Le courant de retour passant par les inducteurs et par toute la masse de l'appareil s'en ira aux accumulateurs par la borne B.

Ceci étant établi et disposant d'une force électromotrice de 20 à 25 volts le tore se mettra en marche avec une vitesse de 300 à 400 tours à la seconde.

Comme nous avons dit plus haut l'appareil accusera toujours la même route, si le bateau s'en écartait on en serait averti par le déplacement du limbe sous l'index ; il suffirait de ramener l'appareil au point primitif en gouvernant convenablement et le bateau reprendra sa route primitive.

MOTEURS ÉLECTRIQUES

SENS DE ROTATION

Avant d'entrer dans la description détaillée de quelques moteurs, nous parlerons un peu de leur fonctionnement.

D'après la théorie, nous savons que la variation du nombre de lignes de force interceptées par un conducteur formant un circuit fermè, développe dans ce conducteur un courant induit.

Réciproquement, si on place dans un champ magnétique un circuit libre de se mouvoir et parcouru par un courant, ce circuit se déplacera et prendra une position telle que le nombre des lignes de force qui le traverse soit maximun, la relation entre le sens du courant et la direction des lignes de force étant toujours celle que l'on trouve dans le principe de l'induction.

Si au moment où le circuit arrive dans une position d'équilibre stable, perpendiculaire à la direction des lignes de force, on renverse le sens du courant qui le parcourt, il tendra à prendre une nouvelle position d'équilibre à 180° de la première, et continuera par suite son mouvement.

Si on dispose les choses de telle sorte que le sens du courant soit renversé chaque fois que le circuit passe dans le plan perpendiculaire aux lignes de force, ce circuit prendra un mouvement de rotation continu.

Par conséquent, les moteurs sont réversibles, à la condition que l'on mette les balais en communication avec les pôles, d'une source extérieure, de manière à lancer un courant dans l'armature, celle-ci se mettra en mouvement dans le champ magnétiqueformé par les inducteurs. et prendra un mouvement de rotation continu en développant un travail mécanique.

Pour les moteurs, l'armature est mise en mouvement non par un moteur mécanique, mais par les effets d'induction dûs au courant envoyé par la source, il y a donc à considérer deux phénomènes distincts ; l'un par lequel un courant provenant d'une source extérieure et circulant dans l'armature de la réceptrice force cette armature à prendre un mouvement de rotation, l'autre par lequel ce mouvement de l'armature donne naissance à un courant induit.

On observera par suite dans l'armature et dans le circuit dont elle fait partie, le résultat de la superposition des deux phénomènes, c'est-à-dire que ce circuit sera parcouru par un courant formé de deux courants superposés.

Or, si l'on examine ce qui se passe en appliquant les règles ordinaires des phénomènes d'induction, on constate que le courant induit dans l'armature est toujours de sens contraire au courant qui est fourni par la génératrice et qui détermine le mouvement de rotation.

Le circuit formé par la ligne et l'armature de la réceptrice sera donc traversé par un courant égal à la différence de ces deux courants.

On dit que la réceptrice développe une force contre-électromotrice, de sens contraire à celle qui est produite par la génératrice.

Si nous désignons par E la force électro-motrice de la génératrice, par R la résistance totale du circuit, c'est-à-dire la résistance de la ligne augmentée des résistances intérieures des deux machines, et par E' la force contre-électromotrice développée par la réceptrice, c'est à-dire la force électro-motrice du courant induit dans l'armature ; le courant produit par la génératrice, sera :

$\frac{R}{E}$, et le courant résultant qui circulera dans le circuit, sera :

$$I = \frac{E}{R} - \frac{E'}{R}, \text{ ou } I = \frac{E - E'}{R}$$

Si E' venait à être supérieure à E, il y aurait renversement du sens du courant et la réceptrice deviendrait génératrice.

Quant au sens de la rotation de la réceptrice, il dépend de l'enroulement des fils.

Examinons les trois sortes d'enroulement employés.

Enroulement en série. — Supposons que l'enroulement des inducteurs soit fait de telle sorte que lorsque l'armature tourne dans un certain sens, elle donne naissance à un courant induit circulant dans les inducteurs de la même manière.

Réunissons les bornes de la réceptrice aux pôles de la génératrice

Le courant de la génératrice circulera dans les inducteurs, dans le même sens que précédemment.

La réceptrice se mettra à tourner à contre-balais, dans le sens inverse, puisque nous savons que le courant induit qu'elle développe par sa rotation doit être de sens inverse au courant de la génératrice.

Si on change le courant de la génératrice, celui-ci circulera dans les inducteurs en sens inverse ; il y aura changement de polarité des inducteurs, c'est-à-dire que l'on aura un pôle Nord où il y avait primitivement un pôle Sud, et réciproquement.

La réceptrice tournera, quoique cela, toujours dans le même sens que précédemment ; puisque les courants induits qui y sont développés doivent circuler dans les inducteurs dans le sens déjà indiqué plus haut.

Par conséquent, si on veut changer le sens de rotation de la réceptrice, il faut changer le calage des balais.

Enroulement en dérivation. — Dans le cas de l'enroulement en dérivation, et en supposant que l'armature tourne dans un certain sens, le courant produit circulera dans le même sens dans l'armature.

Si nous réunissons les balais de la réceptrice avec la génératrice, le courant de la génératrice circulera dans la dérivation dans le même sens, et il y aura inversion de polarité.

La réceptrice tournera dans le même sens que précédemment, puisque le courant induit doit circuler en sens contraire de la génératrice dans l'armature,

Si on change les pôles de la génératrice, le sens de rotation sera encore le même, puisque la polarité n'est pas changée, et que le courant induit doit aller dans l'armature, dans le même sens que ci-dessus.

Pour changer le sens de rotation, il faudrait inverser les balais de la réceptrice comme dans le premier cas.

Cas de l'enroulement Compound. — Dans le cas d'une réceptrice Compound, le sens de rotation dépendra de la puissance d'aimantation relative des spires enroulées en série et en dérivation.

Si les premières sont plus puissantes, la réceptrice tournera à contre-balais ; si ce sont les autres, elle tournera dans le même sens que si elle agissait comme dynamo ordinaire.

Ces quelques principes théoriques étant énoncés, nous commençons la description des moteurs électriques le plus particulièrement employés à la navigation sous-marine.

MOTEURS ÉLECTRIQUES

EMPLOYÉS POUR LA

NAVIGATION SOUS-MARINE

Les moteurs électriques qui ont fait leur première apparition dans la navigation sous-marine en France sont les moteurs Krebs, qui ont été appliqués également à l'aérostation, dans les travaux combinés de MM. Renard et Krebs.

A l'étranger, comme nous l'avons dit dans la première partie de ce travail, on a appliqué le moteur Reckenzaun.

Actuellement, le nombre des moteurs est considérable, ils pourraient tous être appliqués à la navigation sous-marine sans inconvénient, nous citerons pour mémoire les moteurs : Bréguet, Sautter-Lemonier, Ayrton et Perry, Cuttris, Dal Negro, Deprez, Davidson, Gramme, Froment, Griscom, Hjôrth, Jacobi Howe, de Méritens, Pagé, Ritchié, Siemens, Sturgeon, Thompson, Trouvé, Weatstone, Wiesendanger, etc....

Nous nous occuperons des moteurs Krebs et Sautter-Lemonier, les plus connus dans la marine de guerre.

Les moteurs Krebs sont multipolaires, il se distinguent des autres machines par le peu de masse des inducteurs relativement à l'induit.

En conséquence ils donnent plus d'étincelles au collecteur.

Métal des Inducteurs. — Dans le choix du métal des noyaux, et, en général, de toutes les parties métalliques de l'inducteur, il ne faut employer que du fer ou de la fonte de fer ordinaire.

Le fer doux, le plus pur possible, a l'avantage de donner un champ magnétique d'une intensité beaucoup plus grande pour une longueur de fil et une intensité de courant moindre.

La fonte étant moins magnétique, a besoin d être plus volumineuse, à champ magnétique égal et elle exige 30 à 50 0/0 de fil, en plus pour les noyaux.

La fonte a un avantage c'est de conserver son état de magnétisme constant sous l'influence de légères variations dans la vitesse de l'induit.

MOTEURS KREBS DE 50 CHEVAUX

(Planche n° 2, fig. 1 et 2.)

Ce moteur se compose d'une couronne d'électro-aimants C (figure n° 2), dont le nombre s'élève à 16 sur tout le pourtour de la circonférence.

Ces électro-aimants sont montès en série et reçoivent un courant maximum de 200 ampères, et une force électromotrice aux bornes de 200 volts,

Cette force électrique étant fournie par des accumulateurs au plomb, des systèmes Laurent Cely, Commelin, Desmazures ou Julien.

Comme nous le verrons plus loin, les premiers moteurs Krebs étaient munis de deux couronnes d'électro-aimants, l'une intérieure et l'autre extérieure.

Cette disposition n'avait que le seul but de rendre plus actives les parties intérieures du fil enroulé, mais on a supprimé ce système qui avait l'inconvénient de rendre difficile la fixation de l'anneau sur l'arbre ; cet anneau comme nous le verrons pour le moteur de 12 chevaux, n'est, en effet, soutenu que par une extrémité, et est en porte à faux sur la plus grande partie de sa longueur.

Il résulte donc de cette nouvelle disposition que l'anneau est établi dans des conditions plus sérieuses.

Ce moteur se compose d'un arbre principal A dont l'extrémité est à collets venant s'encastrer dans un palier de butée P ordinaire.

Ce palier est fixé à la carcasse de la machine au moyen de boulons C, C'.

L'autre extrémité traverse un presse étoupe E formant palier, et qui est supporté par le bâti même de la machine, lequel bâti est fixé d'une façon rigide à la coque du bateau.

Sur l'arbre A est calé d'une part l'induit I qui n'est autre qu'un anneau Gramme ordinaire, tournant autour des électro-aimants C ; d'autre part, il supporte le collecteur D maintenu à poste au moyen d'un écrou F qui se visse sur une portion filetée de l'arbre.

Les lames du collecteur sont isolées de tout l'appareil par deux rondelles ou garnitures R, R' en fibrine, elles sont également isolées les unes des autres par des lames de même forme en papier parcheminé et passé dans un bain de bitume de Judée.

Les lames du collecteur sont reliées aux bobines de l'anneau au moyen de tiges G en cuivre, dont les extrémités sont reliées avec chaque fil d'arrivée et de départ de deux bobines consécutives.

A ces tiges G, viennent se souder d'autres lames en cuivre H terminées par des rondelles K s'emmanchant sur des tasseaux en bois L, et qui ont pour but d'isoler ces rondelles de l'appareil complet.

Cet agencement constitue ce qu'on appelle un connecteur, et sert à réduire le nombre des paires de balais en réunissant électriquement toutes les lames du collecteur possédant le même potentiel.

Du reste, toutes ces machines multipolaires possèdent un connecteur comme on peut s'en rendre compte dans les machines Desroziers, employées dans la marine,

Deux paires de balais M, M', N, N' assurent la rotation du moteur dans un sens ou dans l'autre, suivant que l'une ou l'autre paire est en communication directe avec le collecteur.

Un levier spécial représenté sur la figure n° 2 assure la communication de ces quatre balais.

Comme dans les moteurs ordinaires le courant des accumulateurs est envoyé dans la machine par l'intermédiaire d'un distributeur de vitesse qui accouple les batteries soit en tension ou en quantité, et pour un nombre d'accumulateurs donné.

Plus loin, nous donnerons la description d'un de ces commutateurs, pouvant être appliqué sans inconvenient à un moteur du type dont nous nous occupons.

MOTEUR KREBS DE 12 CHEVAUX

(Planche n° 4, fig. 1 et 2.)

Ce moteur est un peu différent du premier.

L'anneau est le même que celui des machines Gramme, tournant autour de deux couronnes d'électro-aimants.

Les deux couronnes d'électro-aimants sont placées l'une à l'intérieur, l'autre à l'extérieur de l'anneau.

Le fil enroulé sur l'anneau est partagé en 110 sections ou bobines, qui correspondent à autant de lames du collecteur.

Ces bobines sont réunies entre elles comme dans le système Gramme, c'est-à-dire que l'extrémité du fil d'une bobine et le commencement du fil de la bobine suivante sont reliés à la même lame du collecteur.

Chaque couronne d'électro-aimant porte dix pôles, les pôles de même nom de chacune des couronnes sont placés en regard les uns des autres.

Il résulte de cette disposition que si, à partir d'un point quelconque, on partage la circonférence de l'anneau en cinq parties égales, les points de division obtenus occuperont constamment des positions similaires dans le champ magnétique, et auront par conséquent, à un moment quelconque, le même potentiel.

De ce fait, il faudrait cinq paires de balais pour recueillir le courant, on a évité cette complication d'une façon très simple.

On a établi, au moyen de pièces métalliques, une communication électrique entre les lames du collecteur qui sont au même potentiel.

De cette façon, l'anneau est partagé en cinq secteurs réunis entre eux en surface ; une seule paire de balais suffit par conséquent pour faire passer le courant.

La communication entre les lames du collecteur qui sont au même potentiel est faite par vingt deux disques en cuivre, enfilés sur l'arbre, et isolés les uns des autres par des feuilles de papier parcheminé passé au bitume de Judée.

Ces disques portent des appendices reliés aux lames du collecteur, comme nous le verrons en détail dans le moteur de 60 kilogrammètres.

Le fil des inducteurs est placé en tension sur le circuit extérieur.

Les électro-aimants intérieurs ont pour but de rendre plus actives les parties intérieures du fil enroulé sur l'anneau.

Ce moteur peut fonctionner dans les deux sens, il possède à cet effet quatre balais, deux pour la marche avant et deux pour la marche arrière

Ce dispositif est adopté à seule fin que, pendant la marche arrière, les balais ne soient pas rencontrés à rebrousse poil par les lames du collecteur.

Dans le cas du moteur dont nous nous occupons, les résistances à froid des différéntes parties sont :

Electro-aimants extérieurs........................	0,ohm 0485
Electro-aimants intérieurs........................	0,ohm 0295
Anneau mobile........................	0,ohm 0680
Résistance totale....................	0,ohm 1460

Ce moteur étant ainsi confectionné, il suffit, pour le faire marcher, d'envoyer dans les inducteurs et l'anneau un courant électrique provenant de l'association de plusieurs accumulateurs.

Un distributeur spécial modifiera le groupement de ces accumulateurs, à seule fin d'obtenir différentes vitesses.

La force développée de ce moteur est de 12 chevaux, avec une force électromotrice de 104 à 102 volts et une intensité de 88 à 85 ampères.

Ce moteur, représenté sur la planche n° 4 se compose d'un bâti en fonte B sur lequel est assise la carcasse A de la machine électrique.

L'arbre C est supporté par trois paliers P, P', P''.

Sur cet arbre est calé un pignon denté D, qui transmet le mouvement de la machine à l'arbre porte hélice par l'intermédiaire d'une autre roue dentée D'.

Ces deux engrenages réduisent la vitesse de rotation dans le rapport de 3 à 1.

L'arbre supporte le collecteur Gramme ordinaire E, ainsi que les disques en cuivre F communiquant par les lames G aux lames verticales H du collecteur.

Une charpente K, montée sur l'arbre supporte l'anneau tournant autour et entre les inducteurs I.

L'arbre porte-hélice L est supporté par deux paliers venus de fonte avec le bâti B de la machine.

L'un de ces deux paliers fait l'office de palier de butée avec collets ordinaires.

L'anneau complet se compose de deux inducteurs I, I', l'un à l'intérieur de l'anneau proprement dit, l'autre à l'extérieur,

Ces inducteurs sont formés par l'enroulement de fils sur des masses en fer doux M, M' (figure n° 2).

L'enroulement est fait en série ou tension.

Quant à l'anneau proprement dit, il se compose de rondelles de fer doux isolées les unes des autres par des rondelles de même dimension en papier ; du fil de cuivre est enroulé par dessus ces rondelles en les englobant complétement et les bouts de ces fils viennent se souder aux lames du collecteur comme nous l'avons déjà dit.

MOTEUR KREBS DE 60 KILOGRAMMÈTRES

(Planche. n° 5. Fig. 2.)

Le principe de ce moteur est absolument le même que celui que nous venons de développer.

Il sert particulièrement comme moteur de pompe, pour vider les caisses à eau servant à l'immersion des bateaux sous-marins ; il peut-être employé comme moteur pour perçeuse.

Il se compose d'un plateau en bois sur lequel viennent reposer les flasques de la machine,

L'arbre principal A repose sur deux paliers B, B', munis de godets graisseurs C, C'; l'extrémité de l'arbre A est terminée par un petit pignon denté D claveté sur lui, et qui transmet le mouvement du moteur à une grande roue dentée D'.

Cette dernière est calée sur un deuxième arbre qui donne le mouvement à la pompe d'épuisement ou à l'outil à percer.

Entre les deux paliers B, B', se trouvent calés l'anneau, le collecteur et le connecteur.

L'anneau est identique aux précédents, il tourne autour de quatre électro-aimants, ce qui rend le moteur bipolaire et par conséquent le calage des balais doit être fait à 90° comme le fait remarquer la figure n° 3 de la planche n° 5.

Le collecteur et le connecteur sont dans les mêmes conditions que les deux premiers moteurs, dont nous avons fait la description.

Les bornes d'arrivée et de départ du courant sont en F et G.

L'une F, envoie le courant de la génératrice directement au balai H.

L'autre G, reçoit le courant de la génératrice après avoir traversé les inducteurs et, de là, à l'autre balai.

Une poignée K, fixée dans deux petits paliers, sert à transporter l'appareil aux endroits convenables.

Les lames du connecteur ont la forme d'un disque A (figure n° 4), terminé par deux petites lames B diamétralement opposées.

Ces lames sont recourbées à angle droit en *c*, et viennent se souder aux lames du collecteur E en *h*.

Chacune de ces lames, comme nous l'avons dit, est isolée au moyen de rondelles semblables, en papier parcheminé, s'interposant entre deux lames consécutives.

Ce moteur peut supporter une force électro-motrice maximum de 100 volts.

DESCRIPTION D'UN COMMUTATEUR POUR RÉGLER LA VITESSE DES MOTEURS

(Planche n° 4, Figure 3.)

Dans les grands moteurs électriques, on ne peut pas envoyer brusquement toute la force dont on dispose, sans avoir des chances d'avaries.

Aussi, est-on obligé de grouper les accumulateurs d'une certaine façon ; de faire passer ou non le courant dans une résistance convenable, pour réduire ou augmenter la vitesse.

On arrive à produire tous ces changements en se servant d'un commutateur spécial dont nous donnerons la description qui suit :

Supposons que nous ayons deux batteries d'accumulateurs R et R' et une résistance fixe qui est représentée sur la figure n° 3.

Notre commutateur doit remplir les conditions suivantes :

1° Associer les deux batteries en quantité avec passage par la résistance Cette vitesse nous donnera la marche *le plus doucement possible.*

2° Même association que ci-dessus sans passage par la résistance, nous donnera *la petite vitesse.*

3° Associer les deux batteries en tension ou série avec passage par la résistance.

Cette association nous donnera *la moyenne vitesse.*

4° Même association que ci-dessus sans passage par la résistance nous donnera *la grande vitesse.*

Pour remplir ces quatre conditions, le commutateur est fabriqué de la manière suivante :

Il se compose de dix-neuf touches dont 6 mortes.

Dans le dessin représenté sur la planche n° 4, nous avons marqué les touches mortes par la lettre M et les autres par les lettres A, B, C, D, E, F, G, H, I, K, L, N, O.

Sur ces touches viennent se promener quatre branches en cuivre appuyées par un ressort, comme dans un commutateur ordinaire.

Les touches K N, L O, E I, I H, sont reliées électriquement au moyen d'un fil de cuivre de 4 $^{m}/_{m}$ de diamètre.

Le pôle positif de la batterie R est relié directement à l'axe du commutateur, et par conséquent à la lame P.

Son pôle négatif est relié à la touche A en communication constante avec la lame T.

Le pôle positif de la batterie R' est relié à la touche B et communique constamment avec la lame du commutateur S.

Son pôle négatif est relié à la touche C qui est en communication constante avec la lame Q.

Des touches L et N part le courant pour se rendre au moteur avec ou sans passage par la résistance formée par des spirales en fil de maillechort.

Fonctionnement de l'Appareil. — Supposons que nous voulons marcher le plus doucement possible.

Dans ce cas, nous devons associer les deux batteries d'accumulateurs en quantité en passant par la résistance.

Pour cela, déplaçons les quatre branches du commutateur de façon à ce que la branche P viennent en contact avec la touche K ; le courant de la batterie R partant du pôle positif ira directement à la touche K, de là, à la touche N traversera la résistance pour se rendre au moteur.

Le courant de la batterie R' communiquera par la branche du commutateur avec la touche B, de là, par la branche P à la touche K, et suivra le même chemin que celui de la batterie R.

Nous voyons donc bien, d'après cette disposition, que les deux batteries sont couplées en quantité, c'est-à-dire que les deux pôles positifs de ces deux batteries sont reliés ensemble.

Quant au retour, il s'opère après avoir traversé le moteur, par la touche I, et se partage en deux parties pour revenir aux deux batteries par les touches E et I et, de là, au grandes touches A et C dont la communication électrique avec les deux premières est assurée à l'aide des branches Q et T du commutateur.

Examinons le cas de l'association en série sans passage par la résistance.

Nous mettrons la branche P du commutateur sur la touche O.

Le courant partant du pôle positif de la batterie R ira directement à la touche O, de là, à la touche L et finalement au moteur.

Quant au pôle positif de la batterie R', il communiquera avec la touche F et, de là, à l'autre touche D, et le courant passera par la branche du commutateur au moins de la batterie R.

Le retour commun s'effectuera par la touche I, à la touche H et, de là, à la touche C par la lame Q du commutateur, au pôle négatif de la batterie R'.

Nous voyons bien que les deux batteries sont accouplées en série ou tension.

Ce commutateur peut-être confectionné à bord, les touches peuvent se monter sur un plateau de marbre ou d'ardoise le tout fixé sur un plateau en bois.

VARIÉTES ÉLECTRIQUES

CHAPITRE III.

MOTEUR SAUTTER LEMONIER DE 50 KILOGRAMMÈTRES

(Planche n° 5, fig. 1.)

Ce moteur est spécialement employé comme moteur pour perceuse électrique.

Le mouvement de ce moteur est transmis à l'outil par l'intermédiaire du flexible système Schaft,

Il est composé d'un plateau en bois B, sur lequel viennent se fixer les masses polaires M, M' en fonte ; d'un côté, ces masses polaires sont reliées par un boulon les traversant, qui maintient un noyau de fer doux sur lequel s'enroule un certain nombre de mètres de fil constituant ainsi une bobine ordinaire, et qui sert d'inducteur.

L'induit I est formé d'un anneau Gramme ordinaire supporté par 8 bras en cuivre *b*.

Ces bras maintiennent les rondelles en fer doux qui sont entourées de fil de cuivre rouge, et dont les extrémités viennent se souder aux lames du collecteur comm : nous l'avons vu.

L'anneau Gramme est calé sur un arbre C, supporté par deux paliers faisant corps avec les masses polaires, par quatre boulons *d*, *d'*, *d''*, *d'''*.

Cet arbre C porte également le collecteur composé de lames de cuivre L, isolées les unes des autres.

Les balais sont calés à 180° et en H.

Le mouvement de l'anneau est transmis par engrenages ; un petit pignon *p*, calé sur l'arbre C donne son mouvement à une roue dentée R, sur l'axe de laquelle vient se fixer une pièce spéciale qui s'emmanche dans la boite du flexible, lequel transmettra lui-même ce mouvement à l'outil,

La masse polaire M' porte à sa partie supérieure deux anneaux dans lesquels vient s'engager une poignée en fer forgé, qui sert à transporter le moteur à l'endroit convenable pour exécuter le travail demandé.

Deux bornes S, sont placées sur le côté de l'appareil.

L'une des bornes porte le fil qui s'enroule sur la bobine, et vient aboutir à l'un des balais. L'autre porte le fil venant directement aboutir au deuxième balai.

Pour renverser la marche de ce moteur, il faut changer le calage des balais.

Ce moteur fonctionne avec une intensité de 10 ampères et une force électromotrice de 70 volts.

Les données principales de ce moteur sont :

Poids total	39 kil. 500
Diamètre du fil de l'anneau	1 m/m 2
Diamètre du fil de l inducteur	2 m/m
Résistance de l'anneau	0 ohm 475
Résistance de l'inducteur	0 ohm 74
Résistance total du moteur	1 ohm 215
Intensité maxima que peut supporter le moteur sans inconvénient pendant 5 à 6 minutes	15 ampères

FLEXIBLE SCHAFT

Cet appareil est d'invention américaine et construit dans les atteliers de MM. Stow et Burnham, à Philadelphie.

Il se compose d'un nombre considérable d'hélices en fil d'acier dont les spires se touchent et qui s'emboîtent les unes dans les autres avec des enroulements successivement pas à gauche ou pas à droite.

Chacun de ces boudins en hélice est formé de 5 ou 6 fils juxtaposés dont le diamètre varie nécessairement avec la grosseur de l'arbre.

Il s'ensuit que le pas de l'hélice engendré par ces fils est 5 ou 6 fois le diamètre même du fil. Aux deux extrémités toute ces hélices sont brasées ensemble et reçoivent une boite d'entrainement soudée, l'un reçoit le mouvement du moteur, l'autre le transmet au porte-outil.

Une enveloppe extérieure formée d'une hélice en fil d'acier, dont les spires se joignent, entoure complètement l'arbre dans toute sa longueur.

Cette enveloppe est recouverte d'une gaine en cuir.

Les extrémités de l'arbre flexible sont garnies par une douille en fer qui sert de palier pour soutenir et guider les boites d'entrainement de l'arbre.

Le porte-outil généralement employé, se compose d'une roue d'engrenage portant l'outil et d'un pignon denté recevant le mouvement de l'arbre.

Ces deux engrenages ont un rapport de vitesse propre à multiplier la force en réduisant la vitesse du moteur.

Cet arbre transmet à distance dans des positions différentes un mouvement de rotation dérivant d'un axe quelconque.

Par sa flexibilité il peut prendre des courbes de rayon très variable.

Le serrage pour percer un trou se fait au moyen d'un volant actionnant une vis qni presse sur la tête de l'outil, une pointe à la partie supérieure faisant corps avec le volant vient porter sur un fer en Z.

Actuellement on se sert d'un aimant en fer à cheval dans les branches duquel on fait passer un fort courant électrique.

On transporte cet aimant à l'endroit que l'on doit percer et la fixation sur la pièce en fer se fait naturellement sans être obligé de le fixer à l'aide de boulons comme on opère pour le fer en Z.

BOITE DE RÉSISTANCE POUR PERCEUSE ÉLECTRIQUE

(Planche n° 6, Fig. 1.)

La boite de résistance, que l'on délivre dans l'arsenal avec son moteur électrique, ne sert qu'à distribuer le courant dans le moteur, suivant que l'on veut obtenir une plus ou moins grande vitesse de l'outil.

Une boite possède, pour le moteur dont nous nous occupons, 11 boudins en fil de maillechort de 41 spires chacun.

Ces boudins ont un diamétre de 18 m/m et la grossenr du fil est de 1 m/m.

Chacun de ces boudins communique électriquement au moyen d'une bande de cuivre où viennent s'adapter les extrémités des dernières spires supérieure et inférieure.

Une cloison médiane en bois, sépare ces boudins fixés à deux plateaux en bois.

Cette cloison porte une prise de courànt générale, A, et cinq touches sur lesquelles peut se promener un balancier ou branche de commutateur.

La touche marquée, 1, est morte, c'est-à-dire qu'en plaçant le commutateur sur cette touche, l'appareil est au repos ou, autrement dit, le courant ne passe plus dans le moteur.

La touche marquée, 2, communique, comme on le voit sur la figure n° 1, avec toutes les spires, à ce moment-là, le moteur marche le plus doucement possible.

La touche marquée, 3, communique avec 8 spires, dans ce cas, le nombre de spires étant diminué, le moteur absorbera la quantité d'électricité cédée par les 6 autres libres et sa vitesse sera augmentée.

La touche marquée, 4, ne communique plus qu'avec 4 spires, le moteur marchera à une allure plus grande.

La touche marquée, 5, communique directement avec le moteur et toute la force électrique est employée à faire fonctionner le moteur.

APPAREIL DE PRISE DE COURANT POUR PERCEUSE ÉLECTRIQUE

Permutateur. — Planche n° 6, Fig. 2.

Dans la construction des cuirassés, on a besoin d'une grande longueur de câble pour transporter la force électrique, et comme il faudrait un câble spécial pour chaque moteur, partant de la dynamo-génératrice allant à la réceptrice, on évite cette compliquation en installant tout le long des flancs du cuirassé en construction, des prises de courant générales se composant de lames de cuivre de 2 à 3 centimètres de largeur, sur lesquelles chaque moteur électrique vient prendre sa force au moyen de l'appareil que nous allons décrire, et que l'on nomme *Permutateur*.

Cet appareil se compose essentiellement d'un tambour ou treuil en bois, sur lequel viennent s'enrouler plusieurs mètres de câble.

Ce câble est double, l'un sert au courant d'aller, et l'autre au courant de retour.

Chacune des extrémités de ce câble vient se fixer par une vis sur deux rondelles en cuivre, de chaque côté du tambour.

Ces rondelles communiquent électriquement avec deux pièces en cuivre, qui elles-mêmes reçoivent le courant des deux lames de ressort A et B, qui viennent se poser sur les lames de cuivre de 2 à 3 centimètres.

Le permutateur est maintenu, collé sur ces lames au moyen d'une broche qui vient passer au-dessus de la pièce en bois portant la prise de courant générale.

De l'un des ressorts, le courant passe dans un coupe-circuit ordinaire que l'on voit sur la gauche de la figure.

Une grande vis munie d'un écrou à oreilles assure le contact électrique des rondelles avec les pièces de cuivre, où viennent aboutir les fils de prise de courant.

INSTALLATION D'UNE PERCEUSE ÉLECTRIQUE

(Planche N° 6 fig. 3)

Une des applications intéressantes des moteurs dans la marine, est leur emploi pour le perçage au foret des trous dans les pièces métalliques à bord des navires.

Les transmissions mécaniques, souvent employées dans ce but nécessitent l'établissement d'une ligne d'arbres qu'il faut déplacer fréquemment. En combinant au contraire l'emploi de perceuses électriques et d'arbres flexibles, on peut avoir une machine génératrice fixe, et les déplacements se bornent à des déplacements du moteur électrique, qui peuvent se faire rapidement et sans difficulté.

Les perceuses électriques présentent encore un autre avantage. Si le moment résistant vient à augmenter subitement, soit par suite d'un serrage trop brusque, soit par suite d'un changement dans la dureté de la matière attaquée, l'outil se ralentit de lui-même jusqu'à ce que le moment résistant ait repris sa valeur normale.

On évite ainsi la rupture des mèches, qui est inévitable avec une transmission mécanique.

Le moteur Sautter Lemonier, dont nous avons parlé, est disposé de façon à être alimenté par un dynamo génératrice fonctionnant avec une différence de potentiel de 70 volts.

L'intensité maximun qu'il peut recevoir est de 10 ampères.

Par conséquent, une machine Desroziers qui fournit 150 ampères et 70 volts peut alimenter 15 moteurs électriques dont nous avons donné la description, ces moteurs étant naturellement placés en dérivation sur la machine génératrice.

Dans l'installation pratique d'une perceuse, on intercale entre le permutateur et le moteur, la boîte de résistance qui fera varier la vitesse du moteur comme on le voudra.

Le moteur n'étant pas réversible, il n'est pas utile de s'occuper du sens du courant.

On pourra placer indifféremment le positif ou le négatif, sans changer le sens de rotation du moteur.

Pour arriver à changer le sens de rotation, il faudrait changer le calage des balais, ce que l'on ne peut pas faire sur ce moteur, à cause de son installation spéciale, celle-ci étant faite pour tourner dans le sens qu'il faut donner à une mèche à percer.

Comme nous avons vu, le permutateur possède un coupe-circuit formé par un fil de plomb.

Ce fil de plomb sert à éviter que l'intensité du courant ne puisse dépasser la limite de 10 ampères et communiquer à l'inducteur un échauffement exagéré.

Ce moteur tourne en marche normale à 1.300 tours environ, les engrenages réduisent la vitesse du porte-outil.

Quant au petit moteur Krebs, il peut-être employé dans les mêmes conditions comme perceuse ; ce moteur développe une force de 60 kilogrammètres, avec un courant de 10 ampères et 70 volts.

A. DESSAINT.

TABLE DES MATIÈRES

Pages

CHAPITRE I

Historique des Bateaux sous-marins

CHAPITRE II

Sous-marins et mécanismes nécessaires à leur marche

CHAPITRE III

Variétés électriques

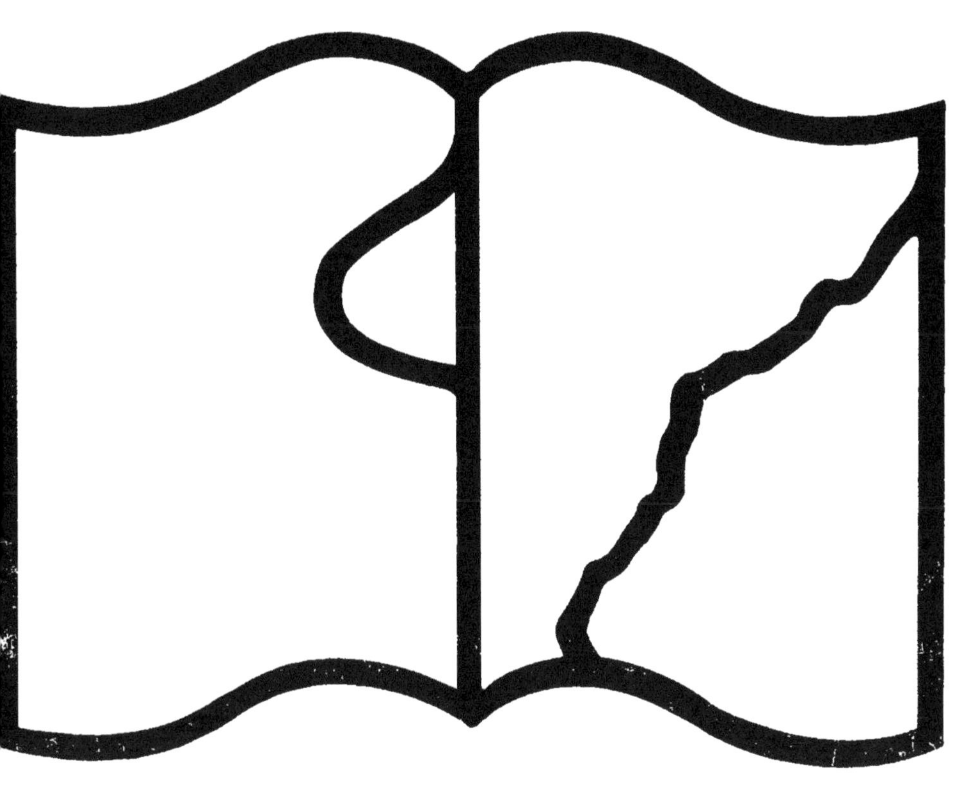

Texte détérioré — reliure défectueuse

NF Z 43-120-11

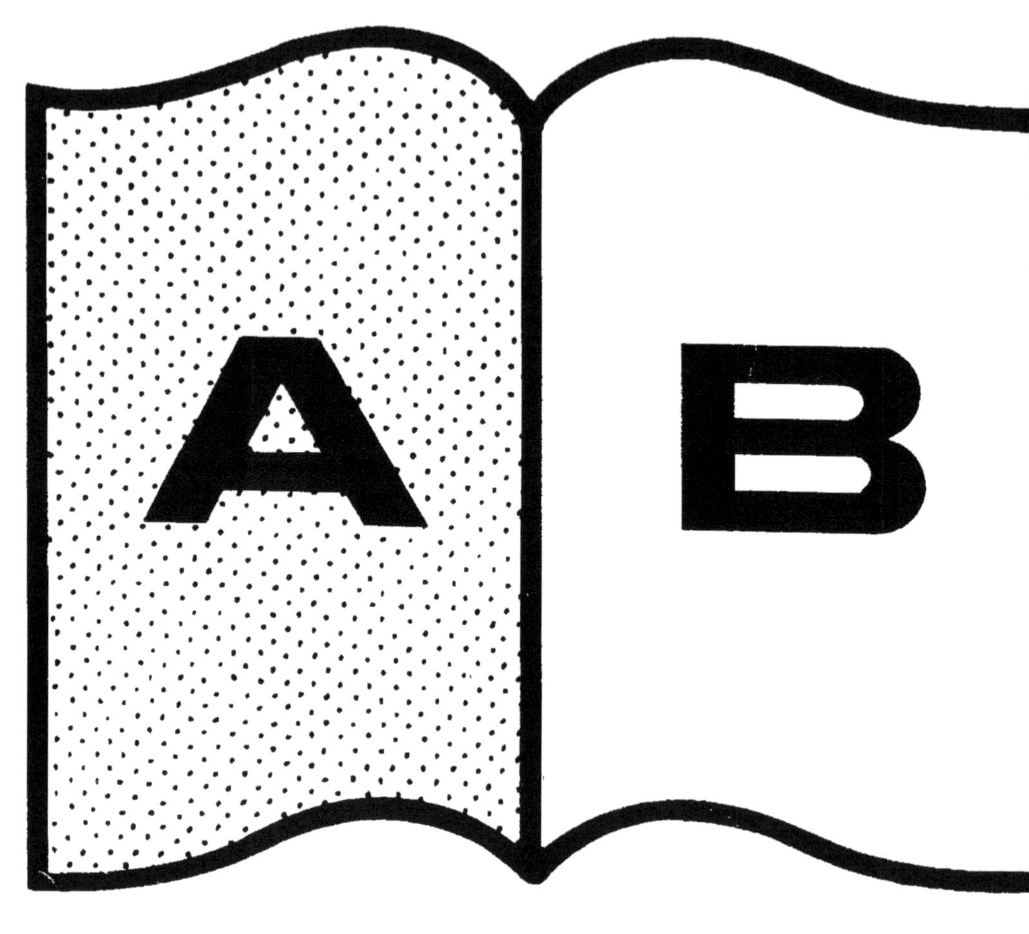
A
B

www.ingramcontent.com/pod-product-compliance
Ingram Content Group UK Ltd.
Pitfield, Milton Keynes, MK11 3LW, UK
UKHW020339250726
13967UKWH00005B/2022